THÜNEN-ARCHIV DER UNIVERSITÄT ROSTOCK
BEITRÄGE ZUR THÜNEN-FORSCHUNG
Herausgeber
Prof. Dr. ERICH SCHLESINGER und Prof. Dr. ASMUS PETERSEN

Heft 2

WILHELM SCHOLLER

DIE MITTLERE ENTFERNUNG EINES PUNKTES VON EINER FLÄCHE

1949

AKADEMIE-VERLAG · BERLIN

THÜNEN-ARCHIV DER UNIVERSITÄT ROSTOCK
BEITRÄGE ZUR THÜNEN-FORSCHUNG
Herausgeber
Prof. Dr. ERICH SCHLESINGER und Prof. Dr. ASMUS PETERSEN

Heft 2

WILHELM SCHOLLER

DIE MITTLERE ENTFERNUNG EINES PUNKTES VON EINER FLÄCHE

Allgemeine Lösung des von *Thünen* aufgestellten und für einen Spezialfall gelösten Problems durch Weiterverfolgen des von Thünen gefundenen Weges und Bestätigung der Thünenschen Methode durch Beschreiten eines neuen Weges über die Doppelintegration

1949

AKADEMIE-VERLAG · BERLIN

ERSCHIENEN IM AKADEMIE-VERLAG GMBH., BERLIN NW 7, SCHIFFBAUERDAMM 19
LIZENZ-NR. 156 - 1728/48 - 716/48
GEDRUCKT IN DER BUCHDRUCKEREI F. MITZLAFF, RUDOLSTADT (THÜR.)
BESTELL- UND VERLAGS-NR. 2017/2
PREIS: DM 12.50

INHALTSVERZEICHNIS

VORWORT

Die vorliegende Arbeit über „Die mittlere Entfernung eines Punktes von einer Fläche“ stellt einen Wendepunkt in der THÜNEN-Forschung dar. Aus diesem Grunde soll sie auch nach der Skizzierung des Standes der THÜNEN-Forschung im ersten Heft die „Beiträge zur THÜNEN-Forschung“ einleiten.

J. H. VON THÜNEN hat als erster die Mathematik bei der Lösung landwirtschaftlicher und volkswirtschaftlicher Probleme in großem Maßstabe angewandt. Er gilt deshalb auch mit Recht als der Begründer der mathematischen Methode in der Volkswirtschaftslehre und in der Landwirtschaftswissenschaft. Umstritten war dagegen bisher die Frage, wieweit THÜNEN in die Mathematik eingedrungen war und ob es erforderlich sei, sich zur Erschließung des THÜNENschen Lebenswerkes die mathematischen Ableitungen, mit denen das Werk in so reichem Maße durchsetzt ist, restlos zu erarbeiten. Man neigte meistens zu der Auffassung, daß die mathematische Erfassung des Werkes nicht notwendig sei.

Hier bringt nun die vorliegende Arbeit eine die zukünftige THÜNEN-Forschung maßgeblich bestimmende Klärung. Sie untersucht erstmalig nach hundert Jahren THÜNEN-Forschung das Gebiet, auf dem THÜNEN als schöpferischer Mathematiker hervorgetreten ist. Bei seinen Untersuchungen über Koppel- und Dreifelderwirtschaft kam THÜNEN zwangsläufig auf die mittlere Entfernung. Denn diese beiden Wirtschaftssysteme unterscheiden sich grundlegend voneinander durch die verschiedene Entfernung des Ackers vom Wirtschaftshof. THÜNEN ermittelte diese mittleren Entfernungen, indem er eine endliche Anzahl von Punkten gleichmäßig über die jeweilige Ackerfeldmark verteilte, die Entfernung dieser Punkte vom Wirtschaftshof bestimmte und dann durch arithmetrische Mittelbildung die jeweilige mittlere Entfernung errechnete. Diese einfache Methode der Bestimmung der mittleren Entfernung genügte als Unterlage der Untersuchungen über die jeweilige Berechtigung von Koppel- und Dreifelderwirtschaft. THÜNEN begnügte sich aber mit dieser einfachen Bestimmung nicht, sondern erfaßte das Problem, das die Mathematik bisher übersehen hatte, in seinem ganzen Umfange. Er stellte die Frage nach der mittleren Entfernung eines Punktes von einer gegebenen Fläche und löste das Problem im Verlaufe der fünfzehn Jahre von 1817—1832 in den wenigen Stunden, die ihm neben seiner sonstigen umfangreichen Tätigkeit für solche Untersuchungen blieben, für den Fall des rechtwinkligen Dreiecks mit Hilfe der Integralrechnung verbunden mit elementargeometrischen Betrachtungen.

Diese seine Lösung wurde bisher nicht nachgeprüft. Der Greifswalder Mathematikprofessor GRUNERT veröffentlichte zwar 1848 ausdrücklich auf eine Anregung hin, die er auf Grund des Studiums des Isolierten Staates erhalten hatte, eine fast hundert Seiten umfassende Abhandlung über die mittlere Entfernung, in der er u. a. angibt, daß die Endformel, die THÜNEN in der zweiten Auflage des Isolierten Staates aus dem Jahre 1842 angibt, zutreffe. Zu dem THÜNENschen Weg, der diese Endformel ergab, konnte er dagegen nicht Stellung nehmen, da die THÜNENsche Lösung erst 1863 aus dem Nachlaß veröffentlicht worden ist. Auch fand er keinen anderen besseren Weg.

SCHOLLER überprüft nun erstmalig diesen THÜNENschen Weg. Er findet, daß es mit Hilfe der THÜNENschen Methode möglich ist, die mittlere Entfernung eines Punktes von jeder gradlinig begrenzten Fläche einwandfrei zu bestimmen. Zwar können wir heute, wie SCHOLLER weiter nachweist, mit Hilfe der Methoden der modernen Mathematik auf dem Wege über das Doppelintegral, die mittlere Entfernung eines Punktes auch von krummlinig begrenzten Flächen ermitteln, aber THÜNEN fand doch schon damals eine begrenzte Lösung, die offizielle Vertreter der Mathematik nicht fanden, und im übrigen liegt seine begrenzte Lösung über das Integral, verbunden mit elementargeometrischen Betrachtungen, auf dem endgültigen Wege der modernen allseitigen Lösung über das Doppelintegral.

Wir wissen nunmehr somit, daß THÜNEN ein schöpferischer Mathematiker war und daß wir seine Mathematik restlos ernst nehmen müssen, wenn wir sein Lebenswerk wirklich erschließen wollen. Dies trifft insbesondere auch bei der Erfassung der Methoden zu, mit denen THÜNEN die nationalökonomische Wissenschaft so sehr bereichert hat. Immer wieder bringt er bei der Darlegung seiner Methoden Vergleiche mit mathematischen Operationen, denen nachzugehen eine Hauptaufgabe der zukünftigen THÜNEN-Forschung sein wird.

Aber noch aus einem anderen Grunde werden die „Beiträge zur THÜNEN-Forschung" mit dieser Arbeit über die „mittlere Entfernung" eingeleitet. SCHOLLERS Arbeit liefert nicht nur einen wesentlichen Beitrag zur THÜNEN-Forschung, sondern löst gleichzeitig ein allgemeiner interessierendes Problem. Sie zeigt den Weg auf, wie die mittlere Entfernung, die bei vielen landwirtschaftlichen und industriellen Standortsfragen von ausschlaggebender Bedeutung ist, ermittelt wird. Durch das Voranstellen einer solchen Arbeit möchten wir zum Ausdruck bringen, daß möglichst alle „Beiträge zur THÜNEN-Forschung" einen solchen Doppelcharakter tragen sollen.

Rostock, im November 1949

Die Herausgeber

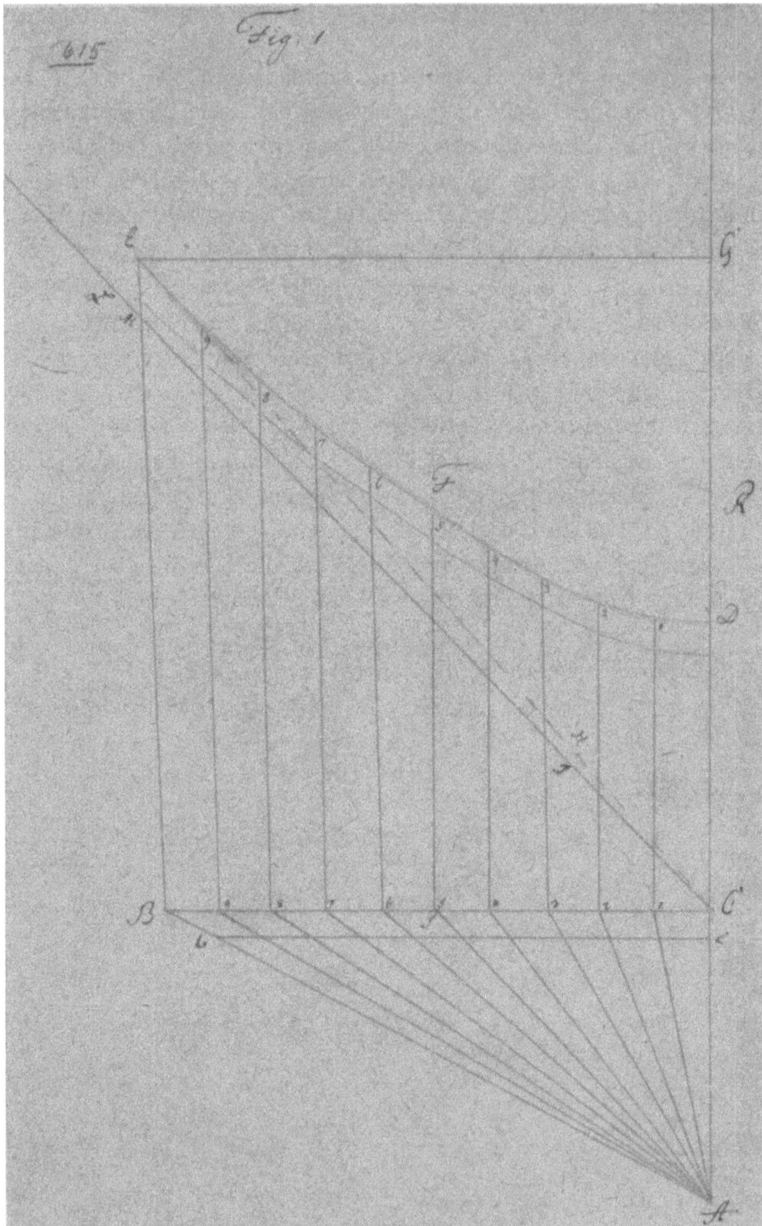

Die THÜNENsche Originalzeichnung zur Bestimmung der mittleren Entfernung

Stand des Problems und Gang der Untersuchung

Im ersten Entwurf des Isolierten Staates, den J. H. v. THÜNEN im Jahre 1818 niederschrieb, taucht zum ersten Male die Bezeichnung mittlere Entfernung auf, jedoch ohne eine genaue Definition dieses Begriffes. Ebensowenig wird irgendein Weg oder eine Formel genannt, die mittlere Entfernung zu bestimmen. Ohne weitere Erklärung wird angegeben (T.A. E XVI, 2 S. 42 ff.): „Die mittlere Entfernung des Ackers vom Hofe beträgt auf dem Gute Tellow, welches bei einer nicht ganz regelmäßigen Figur 160 000 Quadratruthen Ackerland enthält, ca. 210 Ruthen."

Nach den Ausführungen im Nachlaß, die von den ersten Versuchen zur Auffindung einer Formel für die mittlere Entfernung handeln (T.A. E XVI, 6 S. 14—19), ist anzunehmen, daß THÜNEN diese Zahl als einen Näherungswert ermittelt hat, indem er eine bestimmte Anzahl von Punkten gleichmäßig über die Tellower Gutsfläche verteilte, deren Entfernung zum Tellower Gutshof feststellte, addierte und diese Summe dann durch die Anzahl der Punkte dividierte.

Bei dem Vergleich zwischen Koppel- und Dreifelderwirtschaft, die sich grundlegend durch die verschiedene Entfernung der Äcker vom Wirtschaftshof unterscheiden, genügte ein solcher Näherungswert durchaus. THÜNEN erkannte aber bald, daß er ein mathematisches Problem entdeckt hatte, das von den Fachmathematikern übersehen worden war, und er versuchte in den Folgejahren in vielen Entwürfen eine einwandfreie mathematische Lösung zu finden. Bis zur Herausgabe des Isolierten Staates im Jahre 1826 war ihm die Lösung nicht gelungen. In dieser Auflage gibt er aber schon eine genaue Definition des Begriffes und eine klare Stellung des Problems.

Diese Ausführungen regten den Wirtschaftsrat SEIDL an, die Frage zu bearbeiten, und er glaubte die Lösung in einer Formel gefunden zu haben, die er in den „Ökonomischen Neuigkeiten", Jahrgang 1829, Nr. 4 (T.A. E XVI, 6 S. 20—23) veröffentlichte.

THÜNEN überprüfte diesen Lösungsversuch und fand, daß die Formel nicht einwandfrei abgeleitet war. Er wurde aber durch diese SEIDLsche Abhandlung zu eigenen erneuten Forschungen veranlaßt, die 1832 von Erfolg gekrönt waren. In einem Brief vom 20. 12. 1832

(T.A. B I, Nr. 81) an seinen Sohn Heinrich haben wir das erste Zeugnis dafür, daß es THÜNEN gelungen war, die Lösung des Problems der mittleren Entfernung zu finden. Es heißt dort: „. . . Indessen ist es mir während dieser Stillstandsperiode doch gelungen, die famose Frage über die mittlere Entfernung, die mich seit länger als 15 Jahren beschäftigt hat, mit mathematischer Bestimmtheit und Gewißheit zu lösen. Zu meiner Verwunderung und Beschämung bedarf es zu dieser Lösung keiner neuen Entdeckungen, sondern das bisherige Wissen reicht dazu aus. Wenn nun aber bedeutende Mathematiker sie dennoch nicht zu lösen wußten, so erinnert dies an das Ei des Kolumbus und gibt einen neuen Beweis, wie bei aller Leichtigkeit das, was andere erdacht haben, aufzufassen, die eigentliche Produktivität des Geistes doch so geringe ist. Die Hoffnung, daß aus dieser Entdeckung andere wichtigere hervorgehen würden, hat sich bis jetzt nicht bewährt. Allemal gewährt es aber doch eine Freude, das so lang Erstrebte endlich zu erreichen . . ."

Das Resultat seiner Forschungen, die Formel für die mittlere Entfernung eines rechtwinkligen Dreiecks von einem der beiden Eckpunkte der Hypotenuse aus, hat THÜNEN 1842 als Zusatz in die zweite Auflage des ersten Teils seines Isolierten Staates (I, 1842, S. 99—101) aufgenommen. Die Ableitung der Formel wurde dagegen erst 1863 von SCHUMACHER gelegentlich der auszugsweisen Herausgabe des THÜNENschen Nachlasses (II, 2 1863, S. 433—439) veröffentlicht.

Aufgegriffen wurde die THÜNENsche Lösung zuerst von dem Greifswalder Mathematiker J. A. GRUNERT, wie schon die Titelseite seines Buches zeigt: „*Über die mittlere Entfernung einer Figur von einem Punkte oder über die sogenannte mittlere Entfernung des Ackers vom Hof.* Vollständige Auflösung einer für die Landwirtschaft wichtigen Aufgabe durch die Integralrechnung und zugleich ein Beitrag zur Geometrie. Mit besonderer Rücksicht auf: der Isolierte Staat von Dr. J. H. v. THÜNEN auf Tellow in Mecklenburg. Erster Teil. Zweite Auflage. Rostock 1842, S. 99 von JOHANN AUGUST GRUNERT Greifswald 1848. Verlag von Ferdinand Otte".

GRUNERT, der sein Buch 1848 veröffentlichte, kannte nur die Lösung, nicht aber die Methode, die THÜNEN entwickelt hatte. Er schlägt einen eigenen, anderen Weg ein, der in seinen Ergebnissen die Richtigkeit der THÜNENschen Formel für den von THÜNEN gewählten Sonderfall bestätigt. GRUNERT legt den Punkt, von dem aus die mittlere Entfernung zu einer gradlinig begrenzten Fläche — bei ihm ist es ein stumpfwinkliges Dreieck — berechnet werden soll, von vornherein außerhalb der Fläche an eine beliebige Stelle, wodurch er eine viel allgemeinere Formel erhält als THÜNEN.

Die Methode, die GRUNERT zur Lösung dieser Aufgabe anwendet, ist jedoch ebenso wie die Anwendung der von ihm gefundenen Endformel außerordentlich kompliziert, umständlich und unübersichtlich. Die Lösung bleibt damit ohne praktischen Wert — um so mehr, da sie, wie das von ihm durchgerechnete Beispiel zeigt, eigentlich nur ein annäherndes Ergebnis liefert. Wohl aus diesen Gründen blieb die wissenschaftlich exakte Arbeit von GRUNERT während der ganzen 100 Jahre seit ihrem Erscheinen völlig unbekannt und unberücksichtigt.

Eigenartig ist, daß fast alle Lehrbücher der landwirtschaftlichen Betriebslehre die THÜNENsche Formel übergehen. Sie behandeln alle mehr oder weniger ausführlich das Problem der mittleren Entfernung der Grundstücke vom Wirtschaftshof, verweisen dabei auch auf die grundlegenden Untersuchungen THÜNENS, führen aber die Formel nicht an.

Erstmalig macht J. POHL (B 5, S. 173—175) 1885 in seiner Landwirtschaftlichen Betriebslehre die THÜNENsche Formel der mittleren Entfernung eines rechtwinkligen Dreiecks von einem der beiden Eckpunkte der Hypotenuse aus zur Grundlage seiner Ausführungen über die betriebswirtschaftliche Bedeutung der mittleren Entfernung in der Landwirtschaft. Ohne den Gang der Lösung zu erwähnen, gibt er die THÜNENsche Endformel und die weiteren Berechnungen THÜNENS über die Summe der Entfernungen in spitz- und stumpfwinkligen Dreiecken — diese jedoch in völlig mißverstandener Weise — wieder. Neben der von THÜNEN so milde beurteilten falschen, jedoch einfacheren Formel von SEIDL führt er ferner einen H. FRHR. v. THÜNGEN an, der die mittlere Entfernung mit der Entfernung zum Schwerpunkt einer Fläche identifiziert. Dies sind aber, wie später gezeigt werden wird, zwei völlig verschiedene Begriffe.

Mit dem Problem wohl ohne Kenntnis der THÜNENschen Lösung und Methode haben in den Jahren 1920—1930 russische Forscher sich eingehend beschäftigt, so z. B. A. TSCHAJANOW (B 2, S. 32—44), der die optimalen Betriebsgrößen in der Landwirtschaft zu bestimmen sucht und dabei selbstverständlich auf die Frage der mittleren Entfernung stößt, mit deren Lösung dieses Problem auf das Engste verknüpft ist.

Er geht mehr von der ökonomischen Seite an diese Aufgabe heran und berücksichtigt die in einem landwirtschaftlichen Betrieb zu befördernden Lasten, die von einem Punkte aus über eine Fläche verteilt oder von einer Fläche an einem Punkte gesammelt werden sollen. Als Ausgangsfigur nimmt er den Kreis, wobei der Sammelpunkt aller Lasten im Mittelpunkt des Kreises liegen soll und bestimmt die mittlere Entfernung für diese Figur mit $\frac{2}{3}r$, was durchaus auch mit den nachfolgenden Berechnungen der vorliegenden Arbeit übereinstimmt. Von dieser Formel für die mittlere Entfernung des Kreises ausgehend, zerlegt er jede gegebene Fläche in Kreissektoren, Kreisringe und Kreissegmente, für die er ebenfalls Formeln entwickelt und kann so bei einiger Geschicklichkeit annähernd die ganze Fläche erfassen.

A. Tschajanow verweist in seinem Buch (B 2, 44) auf die Berechnungen von A. L. Vajnstejn (B 3), der, wie er schreibt, in einer eingehenden Analyse schließlich die Berechnungen A. Tschajanows über die mittlere Entfernung des Kreises voll bestätigt. Leider stand uns diese Arbeit nicht zur Verfügung. So konnten wir nicht in Erfahrung bringen, welchen Weg A. L. Vajnstejn bei seinen Berechnungen einschlägt, ob ihm die Thünensche Methode bekannt war und bis zu welchem Punkte seine Untersuchungen vorgedrungen sind. Es ist aber anzunehmen, daß A. L. Vajnstejn das Problem nicht restlos erschöpft hat, da A. Tschajanow anschließend K. J. Sazonow (B 4) anführt, von dem er schreibt, daß dieser die Frage weiter bearbeitet und Tabellen aufgestellt hätte, aus denen man die fertigen Resultate entnehmen könnte. Es war uns leider auch hier unmöglich, die Arbeit selbst einzusehen.

Diese Arbeiten russischer Gelehrten zeigen jedoch, daß man in Rußland starkes Interesse an diesen Fragen hat und deren Wichtigkeit bereits vor Jahren voll erkannt hat.

In der Literatur findet sich des öfteren die mittlere Entfernung des Kreises vom Kreismittelpunkte aus richtigerweise mit $\frac{2}{3}r$ angeführt. Ob diese Angaben auf A. Tschajanow zurückgehen, ist ungewiß. Da man durch rein elementar-mathematische Überlegungen — also ohne Integration — zu diesem Ergebnis kommen kann, ist es durchaus möglich, daß auch von anderer Seite dasselbe Resultat gefunden wurde. Im übrigen findet sich diese Lösung schon bei Thünen und zwar in seinen unveröffentlichten Berechnungen über den Chausseebau (T.A. E XI, 2 S. 144). Im Thünen-Archiv wurde bereits zur Zeit von R. Ehrenberg mit dieser Größe gerechnet, jedenfalls brachte H. v. Wenckstern diese Lösung mit ihrer elementar-mathematischen Ableitung in einer Seminararbeit des Thünen-Archivs.

Wie mir nachträglich bekannt geworden ist, soll bei der Städte- und Siedlungsplanung ein Radialpotenzplanimeter zur Ermittlung der Entfernungssumme, des sogenannten Vials, Verwendung finden (B 7, 145 und B 8, 172). Die Anwendung solcher mathematischen Instrumente kann für die Praxis eine große Erleichterung bringen. Es ist mir jedoch nicht möglich, über die Brauchbarkeit und Genauigkeit dieses Planimeters ein Urteil abzugeben, da mir ein solcher nicht zur Verfügung stand.

Dies war der Stand des Problems zu Beginn der vorliegenden Untersuchungen, deren Gang im Nachfolgenden kurz skizziert werden soll.

Um den Leser in das Problem einzuführen, wird eine Rekonstruktion der Berechnungen THÜNENS den Anfang bilden. Die THÜNENsche Formel gilt zwar nur für den Sonderfall des rechtwinkligen Dreiecks, doch hat THÜNEN damit gerade die Figur gewählt, die man als Grundfigur aller gradlinig begrenzten Flächen ansprechen kann, denn es ist ohne weiteres möglich, jede dieser Flächen dadurch in rechtwinklige Dreiecke aufzuteilen, daß man auf die Seiten von einem der Eckpunkte aus Lote fällt. Die THÜNENsche Lösung kann deshalb als Ausgangspunkt einer alle gradlinig begrenzten Flächen umfassenden Berechnung genommen werden. THÜNEN hat damit das Fundament zu einem Gebäude gelegt, das zu vollenden der Verfasser mit vorliegender Arbeit unternommen hat.

Im weiteren Verlauf der Untersuchung wird der von THÜNEN gezeigte Weg konsequent weiter verfolgt. Die Formel wird für spitz- und stumpfwinklige Dreiecke erweitert und die Errechnung der mittleren Entfernung auch auf Vielecke ausgedehnt, jedoch immer noch unter der beschränkenden Voraussetzung, daß der Punkt, von dem aus die mittlere Entfernung bestimmt werden soll, an einem der Eckpunkte der Fläche liegen muß.

Mit Hilfe dieser Formeln wird die mittlere Entfernung aller regelmäßigen Vielecke sowohl vom Mittelpunkt als von einem der Eckpunkte aus errechnet und die Ergebnisse werden auf mehrere Arten miteinander verglichen. Hier sieht man schon, wie groß der praktische Nutzen dieser Formeln bei verhältnismäßig einfacher Berechnung sein kann, denn hier setzt die ökonomische Auswertbarkeit der Resultate bereits ein.

Der folgende Abschnitt, in dem wir uns von der einschränkenden Bedingung für die Lage des Punktes lösen und denselben beliebig festlegen, bringt uns einen großen Schritt der Lösung des Problems näher.

Die damit erreichte Stufe wird nun nach allen Seiten hin ausgebaut und fundiert, indem für die verschiedenen Möglichkeiten, eine gradlinig begrenzte Fläche analytisch oder geometrisch zu bestimmen, Formeln entwickelt werden, die diese Aufgabe bis zur letztmöglichen Verallgemeinerung erschöpfen. Die dabei angewandte Methode fußt unmittelbar auf THÜNEN und zeichnet sich gegenüber der GRUNERTschen Methode durch Klarheit und Anschaulichkeit aus.

Wenn diese Arbeit darüber hinaus im letzten Abschnitt durch das Beschreiten eines neuen Weges über die Doppelintegration zu einem

Punkt vordringt, der sich nicht mehr an die THÜNENsche Methode hält, so könnte man wohl auf den ersten Blick meinen, dies würde den Rahmen einer THÜNEN-Forschung sprengen. Indes schließt sich gerade dadurch der Ring dieses Problems, da der genannte Weg die Möglichkeit bietet, die Richtigkeit der THÜNENschen Formel mathematisch einwandfrei nachzuprüfen und zu beweisen.

Diese Methode erlaubt es, die mittlere Entfernung auch für krummlinig begrenzte Flächen zu ermitteln.

In der Darstellung des Lösungsganges bot sich eine nicht geringe Schwierigkeit, da sie eine einwandfreie mathematische Ableitung der Formeln mit möglichst allgemeinverständlicher Klarlegung verbinden soll. Es wurde versucht, sich der letzteren stets zu befleißigen, doch ist für das Verständnis auf jeden Fall eine gewisse Vorbildung in analytischer Geometrie und Integralrechnung vorteilhaft. Bewußt wurde jeder Schritt zur Ableitung einer Formel vorgeführt, denn allein aus dieser ihrer Entwicklung heraus ist eine Formel zu verstehen. Dem Leser nur die fertige Endformel vorzusetzen, führt zu leicht zu unverstandenem Auswendiglernen und deshalb meist falschem Anwenden und baldigem Vergessen derselben, sie verliert von vornherein für den Leser jedes Interesse, da er im Augenblick nicht erkennen kann, wie sie entstanden ist. Dem Leser würde zugemutet werden, selbst mühsam die einzelnen Zwischenstufen zu finden, die ihn zu diesem Ergebnis führen. In jedem Falle ist deshalb die erste Art der Darstellung, wie sie auch THÜNEN in seinem Isolierten Staat stets anwendet, vorzuziehen, und es wäre sehr zu begrüßen, wenn auch andere Autoren, welche mathematische Formeln verwenden, sich diese Art zu eigen machen würden.

I. ABSCHNITT

Die THÜNENsche Methode zur Auffindung der mittleren Entfernung eines rechtwinkligen Dreiecks von einem der Eckpunkte der Hypotenuse aus

Soll von einem gegebenen Punkte P die mittlere Entfernung zu beispielsweise 2 anderen Punkten A und B ermittelt werden, so wird die Summe der beiden Strecken $\overline{PA}$ und $\overline{PB}$ durch die Anzahl der Punkte, zu denen diese Entfernungen führen — in diesem Falle also 2 — dividiert.

Mit dieser Bestimmung der mittleren Entfernung zu einer endlichen Anzahl von Punkten hat sich auch zunächst J. H. v. THÜNEN befaßt und sie anfänglich dazu benützt, die mittlere Entfernung einer Fläche — sicher auch der Gutsfläche von Tellow — annähernd zu berechnen, indem er ein quadratisches Gitternetz über die Fläche legt und die Entfernungen zu den Schnittpunkten des Gitters addiert und durch deren Anzahl dividiert.

Wie wir im Nachfolgenden sehen werden, geht der Bestimmung der mittleren Entfernung einer Fläche die Errechnung der Summe aller Entfernungen einer geraden oder wie beim Kreis einer gekrümmten Linie zum Punkte P voraus. Die Entfernungssumme durch die Länge der Linie dividiert ergibt dann die mittlere Entfernung dieser Linie zum Punkte P. Da die Linie Träger einer unendlichen Anzahl von Punkten ist, läßt sich die Summation dieser unendlich vielen Entfernungen, wie J. H. v. THÜNEN zeigt, nur mit Hilfe der Integralrechnung durchführen. Wie es J. H. v. THÜNEN gelingt, darüber hinaus für einen Sonderfall den letzten Schritt zur Errechnung der mittleren Entfernung einer Fläche von einem Punkte P aus zu finden, soll im I. Abschnitt eingehend dargelegt werden.

Die exakte Definition dieses von J. H. v. THÜNEN geschaffenen Begriffs der mittleren Entfernung, die sich (II, 2 1863 und 1875, S. 439) findet, soll etwas verallgemeinert an den Anfang unserer Betrachtungen gestellt werden:

Die mittlere Entfernung ist gleich der Summe der Entfernungen aller Punkte einer Fläche von einem gegebenen Punkte dividiert durch den Inhalt der Fläche.

1. *Ableitung der THÜNENschen Formel*

Gegeben sei das in A rechtwinklige Dreieck PBA, von dessen Eckpunkte P die mittlere Entfernung ermittelt werden soll (Abb. 1).

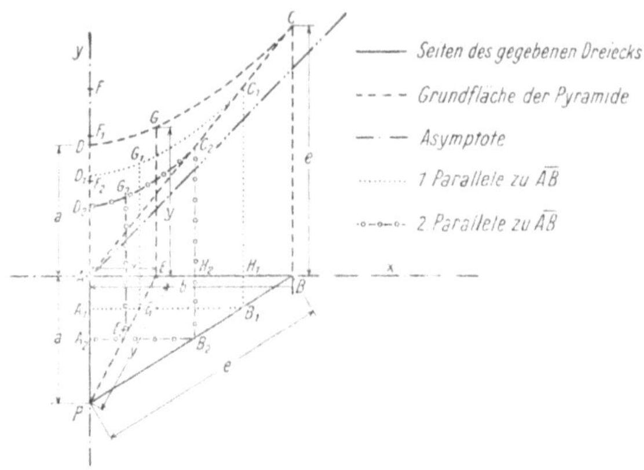

Abb. 1.

THÜNEN geht folgenden Weg: er legt das Dreieck so in ein rechtwinkliges Koordinatensystem, daß die beiden Katheten auf den beiden Achsen und der Koordinatenanfangspunkt in A liegen, und beginnt mit der Bestimmung der Summe der Entfernungen von P aus zu jedem Punkt der gegenüberliegenden Kathete $\overline{AB}$, indem er von P aus zu jedem Punkte der Seite $\overline{AB}$ eine Gerade zieht, deren Länge er dann als Senkrechte in dem Punkte errichtet, in dem sie die Seite $\overline{AB}$ schneidet. Die Strecke $\overline{PE} \equiv y$ sei eine solche Gerade (Abb. 1), die als Senkrechte auf $\overline{AB}$ in E errichtet durch ihren Endpunkt den Punkt G bestimmt. Die Strecke $\overline{AE}$ bezeichnen wir kurz mit x, ebenso $\overline{AP}$ mit a, $\overline{AB}$ mit b, $\overline{PB}$ mit e. Dann errechnet sich:

$$\overline{PE} \equiv y = \sqrt{x^2 + a^2} \tag{1}$$

Man kann nun jeden Punkt der Seite $\overline{AB}$ dadurch erfassen, daß man x sämtliche Werte von 0 bis b durchlaufen läßt, also variabel setzt. Dann errechnet sich das zu jedem x-Wert gehörige y auf Grund der Formel *(1)*. Für $x = 0$ wird $y = a$ und für $x = b$ wird: $y = \sqrt{b^2 + a^2} = e$, d. h. also, daß $\overline{AD} = \overline{AP} = a$ und $\overline{BC} = \overline{BP} = e$ ist.

Da die verschiedenen y-Werte als Senkrechte auf $\overline{AB}$ errichtet, d. h. als Ordinaten in unserem Koordinatensystem eingetragen werden, so ist y gleichzeitig der Funktionswert der entstehenden Kurve DGC oder anders ausgedrückt:

$y = \sqrt{x^2 + a^2}$ ist die Gleichung der Kurve, die die Fläche $ABCD$ auf der einen Seite begrenzt. Diese Kurve läßt sich mit Hilfe der analytischen Geometrie der Ebene sehr leicht als Ast einer gleichseitigen Hyperbel erkennen, denn umgeformt lautet die Kurvengleichung $y^2 - x^2 = a^2$. Die beiden Koeffizienten bei y^2 und x^2 sind gleich 1 also einander gleich, während ihre Vorzeichen verschieden sind. Das positive Vorzeichen bei y^2 sagt aus, daß die Hyperbel in Richtung der y-Achse geöffnet ist. Der Scheitelpunkt liegt in D. In Abb. 1 ist die Asymptote und der Brennpunkt F der Hyperbel DGC eingezeichnet. Für das später Folgende ist es von Wichtigkeit, sich über die Natur der Begrenzungskurve im klaren zu sein.

Die Fläche $ABCD$, die wir dadurch erhalten haben, daß alle verschiedenen y-Werte bei variablem x nebeneinander gelegt wurden, gibt somit die Summe der Entfernungen von P zur Seite $\overline{AB}$ an. Dieses Summieren aller y-Werte geschieht durch die Integration. Man erhält die Fläche $ABCD$, kurz K:

$$K = \int_0^b \sqrt{x^2 + a^2}\, dx,$$

wo x läuft von 0 bis b, 0 also die untere, b die obere Grenze des Integrals, d. h. der Summation, bildet.

THÜNEN entnahm dieses Integral einer Integrationstabelle.

Um in keinem Punkt eine Unklarheit zu lassen, soll diese Integration hier durchgeführt werden.

$$\int \sqrt{x^2 + a^2}\, dx = \int \frac{x^2 + a^2}{\sqrt{x^2 + a^2}}\, dx = \int \frac{x^2}{\sqrt{x^2 + a^2}}\, dx + \int \frac{a^2}{\sqrt{x^2 + a^2}}\, dx$$

Die Lösung des ersten der beiden Teilintegrale geschieht durch partielle Integration. Die Formel lautet:

$$\int u \cdot v' = u \cdot v - \int u' \cdot v$$

Setzt man: $u = x$, dann ist: $u' = 1$ und:

$$v' = \frac{x\, dx}{\sqrt{x^2 + a^2}}; \quad v = \sqrt{x^2 + a^2}$$

somit:

$$\int \frac{x^2 \cdot dx}{\sqrt{x^2 + a^2}} = x \cdot \sqrt{x^2 + a^2} - \int 1 \cdot \sqrt{x^2 + a^2} \cdot dx$$

Dieses Resultat oben eingesetzt, ergibt:

$$\int\sqrt{x^2+a^2}\cdot dx = x\cdot\sqrt{x^2+a^2} - \int\sqrt{x^2+a^2}\cdot dx + \int\frac{a^2}{\sqrt{x^2+a^2}}dx$$

$$2\cdot\int\sqrt{x^2+a^2}\cdot dx = x\cdot\sqrt{x^2+a^2} + \int\frac{a^2}{\sqrt{x^2+a^2}}dx$$

Das zweite Teilintegral wird durch Substitution gelöst. Man setzt:

$$\sqrt{x^2+a^2} = v - x \quad \text{daraus:} \quad v = x + \sqrt{x^2+a^2}$$

oder die vorletzte Gleichung quadriert: $x^2 + a^2 = v^2 - 2vx + x^2$ nach Subtraktion von x^2 bleibt: $x = \frac{v^2 - a^2}{2v}$ oder beide Seiten der Gleichung von v subtrahiert: $v - x = \frac{v^2 + a^2}{2v}$

Die Gleichung $x = \frac{v^2 - a^2}{2v}$ nach v differentiiert ergibt:

$$\frac{dx}{dv} = \frac{2v\cdot 2v - (v^2 - a^2)\cdot 2}{4v^2} = \frac{2v^2 - v^2 + a^2}{2v^2} = \frac{v^2+a^2}{2v^2}; \quad dx = \frac{v^2+a^2}{2v^2}dv$$

somit ergibt sich das zweite Teilintegral:

$$\int\frac{a^2\,dx}{\sqrt{x^2+a^2}} = a^2\int\frac{dx}{v-x} = a^2\int\frac{\frac{v^2+a^2}{2v^2}dv}{\frac{v^2+a^2}{2v}} = a^2\int\frac{dv}{v} = a^2\cdot ln v$$

$$= a^2 ln\,(x + \sqrt{x^2+a^2})$$

Diesen Wert eingesetzt:

$$2\int\sqrt{x^2+a^2}\,dx = x\sqrt{x^2+a^2} + a^2\cdot ln\,(x+\sqrt{x^2+a^2})$$

$$(2a) \quad \int\sqrt{x^2+a^2}\cdot dx = \frac{x}{2}\sqrt{x^2+a^2} + \frac{a^2}{2}ln\,(x+\sqrt{x^2+a^2}) + C$$

und das bestimmte Integral mit den Grenzen 0 und b:

$$\int_0^b\sqrt{x^2+a^2}\cdot dx = \left[\frac{x}{2}\sqrt{x^2+a^2} + \frac{a^2}{2}ln\,(x+\sqrt{x^2+a^2})\right]_0^b$$

$$= \frac{b}{2}\sqrt{b^2+a^2} + \frac{a^2}{2}ln\,(b+\sqrt{b^2+a^2}) - 0 - \frac{a^2}{2}ln\,(0+\sqrt{0+a^2})$$

$$= \frac{b}{2}\sqrt{b^2+a^2} + \frac{a^2}{2}ln\,(b+\sqrt{b^2+a^2}) - \frac{a^2}{2}ln\,a$$

$$(2b)\quad \int_0^b \sqrt{x^2+a^2}\cdot dx = \frac{b}{2}\sqrt{b^2+a^2} + \frac{a^2}{2} ln \frac{b+\sqrt{b^2+a^2}}{a}$$

Durch diese Formel läßt sich die Fläche $ABCD$ und dadurch die Summe der Entfernungen von P zur Seite $\overline{AB}$ ermitteln.

THÜNEN fährt nun folgendermaßen fort.

Dasselbe, was mit der Seite $\overline{AB}$ durchgeführt wurde, läßt sich mit jeder zu $\overline{AB}$ parallelen Seite wiederholen. Es sei $\overline{A_1B_1}$ (Abb. 1) eine solche parallele Seite. Trägt man nun ebenfalls die Strecken von P zur Seite $\overline{A_1B_1}$ als Ordinaten in das Koordinatensystem ein (also senkrecht auf der x-Achse, nicht auf der Seite $\overline{A_1B_1}$), so erhält man eine analoge Fläche $AH_1C_1D_1$, durch die die Summe der Entfernungen von P zur Seite $\overline{A_1B_1}$ bestimmt ist. Die begrenzende Kurve ist ebenfalls wieder eine gleichseitige Hyperbel, hat also dieselbe Asymptote, jedoch ein kleineres a, und somit liegt der Brennpunkt dieser Hyperbel bei F_1. Das gleiche gilt für die parallele Strecke $\overline{A_2B_2}$, deren Entfernungen von P die Fläche $AH_2C_2D_2$ erzeugen. Die Asymptote der begrenzenden, ebenfalls gleichseitigen Hyperbel bleibt stets dieselbe, während der Brennpunkt diesmal auf F_2 liegt.

Man kann dasselbe für beliebig viele Parallelen durchführen, d. h. die Parallelen so dicht legen, wie man will, bis sie schließlich im Grenzfall die ganze Dreiecksfläche erfüllen. THÜNEN denkt sich nun jede der dadurch entstehenden Flächen in Papier ausgeschnitten und übereinandergelegt, so daß eine Pyramide mit der Grundfläche $ABCD$ und der Höhe a entsteht, deren Spitze über A liegt, denn die Entfernung von P zu sich selber ist Null, somit auch die anzutragende Ordinate.

Diese Methode mag behelfsmäßig und unmathematisch erscheinen, ist es aber, wie die späteren Ausführungen zeigen werden, durchaus nicht. Sie ist als eine geometrische Anschauung des Grenzbegriffs zu nehmen und erleichtert bei mathematischer Richtigkeit das Verständnis.

Der Rauminhalt dieser Pyramide, der sich als $1/_3$ Grundfläche mal Höhe errechnen läßt, gibt dann die Summe der Entfernungen von P zu jedem Punkt des gegebenen Dreiecks PBA an. Diese Summe der Entfernungen, kurz S genannt, ist dann:

$$S = \frac{1}{3}\left(\frac{b}{2}\sqrt{b^2+a^2} + \frac{a^2}{2}\cdot ln\frac{b+\sqrt{b^2+a^2}}{a}\right)a$$

$$(3)\quad = \frac{a}{6}\left(b\sqrt{b^2+a^2} + a^2\cdot ln\frac{b+\sqrt{b^2+a^2}}{a}\right)$$

Dividiert man nunmehr diese Summe der Entfernungen durch den Flächeninhalt des Dreiecks, also $\frac{1}{2} a \cdot b$, so erhält man auf Grund der Definition die mittlere Entfernung des Dreiecks PBA vom Punkte P aus.

Die Grundlinie des Dreiecks PBA ist hier b, die Höhe a somit die Fläche $\left(\frac{1}{2}\text{ Grundlinie mal Höhe}\right) = \frac{1}{2}$ ab.

Im weiteren Verlauf soll der Kürze halber für die Summe der Entfernungen einer Fläche von einem Punkt P stets S, für die Fläche F und für die mittlere Entfernung E gesetzt werden.

Mit diesen Abkürzungen lautet die kurze mathematische Definition der mittleren Entfernung eines Punktes von einer Fläche:

$$E = \frac{S}{F} \tag{4}$$

Somit ist, *da* S durch Formel *(3)* errechnet wurde und $F = \frac{ab}{2}$.

$$E = \frac{\frac{a}{6}}{\frac{ab}{2}}\left(b\sqrt{b^2+a^2} + a^2 \cdot ln\frac{b+\sqrt{b^2+a^2}}{a}\right)$$

$$= \frac{1}{3b}\left(b\sqrt{b^2+a^2} + a^2 \cdot ln\frac{b+\sqrt{b^2+a^2}}{a}\right) \tag{5}$$

Dies ist die Formel der mittleren Entfernung eines rechtwinkligen Dreiecks von einem Eckpunkt aus, die THÜNEN (I, 1842, S. 101) angibt und die man (II, 1863, S. 433—439) abgeleitet findet.

2. *Ermittlung der Entfernungssumme bei spitz- und stumpfwinkligen Dreiecken*

Die Summe der Entfernungen eines spitzwinkligen Dreiecks von einem der Eckpunkte aus ermittelt THÜNEN dadurch, daß er von diesem Eckpunkte das Lot auf die gegenüberliegende Dreiecksseite fällt, wodurch das Dreieck in zwei rechtwinklige Dreiecke zerteilt wird, deren Entfernungssummen S er ohne weiteres auf Grund von Formel *(3)* errechnen kann. Durch Addition der beiden Summen erhält er die Gesamtsumme der Entfernungen dieses spitzwinkligen Dreiecks vom Eckpunkte P aus (Abb. 2).

Analog bestimmt er die Summe der Entfernungen eines stumpfwinkligen Dreiecks vom Eckpunkte P aus, indem er von P das Lot auf die gegenüberliegende Seite fällt, das in diesem Falle außerhalb des Dreiecks auf die verlängerte Seite $\overline{AB}$ auftrifft (Abb. 3). Es entstehen dadurch ebenfalls zwei rechtwinklige Dreiecke, für die er wieder die Entfernungssummen S auf Grund von Formel *(3)* ermittelt. Durch Subtraktion der beiden Summen erhält er die Summe der Entfernungen dieses stumpfwinkligen Dreiecks von P aus.

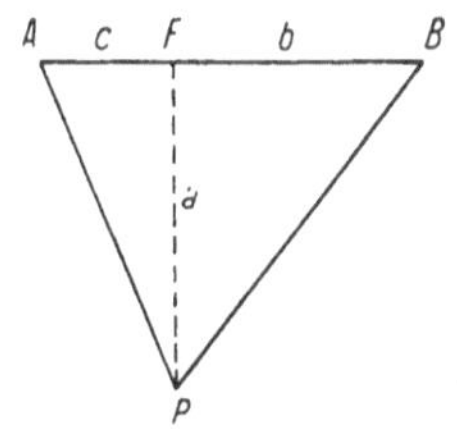

Abb. 2.

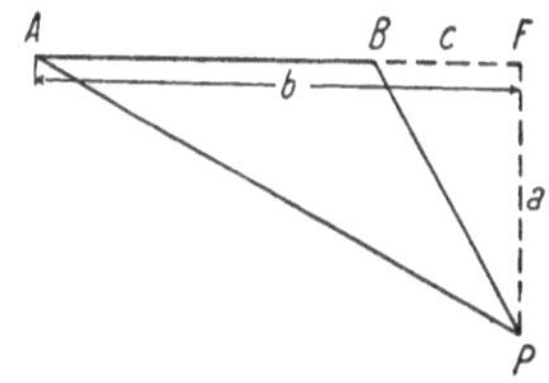

Abb. 3.

Es bietet nun an und für sich keine Schwierigkeit, die jeweils dazugehörige Dreiecksfläche PBA zu bestimmen und durch Division $\frac{S}{F}$ die mittlere Entfernung E zu berechnen. Thünen führt dies jedoch nicht aus.

Soweit gehen die Berechnungen Thünens über die mittlere Entfernung, deren Ergebnisse auch J. A. Grunert voll bestätigt (B 1, 107).

Wie schon erwähnt, kannte dieser den Gang der Thünenschen Lösung nicht und ging einen völlig anderen Weg, der ihn jedoch zu denselben Ergebnissen führte. Darüber hinaus gelangte er zu einer Formel, die es erlaubt, die mittlere Entfernung für den Fall zu berechnen, daß der Punkt eine beliebige Lage zu einer gradlinig begrenzten Fläche hat.

Die Ableitung dieser Formel ist jedoch außerordentlich kompliziert und umständlich. Sie nimmt nicht weniger als 79 Druckseiten ein und führt zu einem Ergebnis, mit dem man in der Praxis nichts anfangen kann, da jeder Buchstabe dieser 6 Zeilen langen Formel wieder eine eigene Formel darstellt, so daß die Berechnung eines Beispiels an einem einfachen stumpfwinkligen Dreieck 15 Druckseiten beansprucht. Die anschließend von ihm durchgeführte Umformung von analytischen zu geometrischen Beziehungen (B 1, 96—116) bringt ebenfalls keine klarere Endformel. Das gleiche Beispiel hiernach errechnet (B 1, 116—124), ergibt eine Differenz gegenüber dem ersten Resultat von 0,39, so daß man eigentlich nur von einer annähernden Lösung sprechen kann.

Die nachfolgenden Ausführungen werden nun zeigen, daß eine Weiterentwicklung des von Thünen eingeschlagenen Weges zu einem bei weitem klareren Ergebnis führt. Der Gang der Lösung ist anschaulich und für jeden verständlich, der die Grundbegriffe der analytischen Geometrie beherrscht.

II. ABSCHNITT

Erweiterungen der THÜNENschen Formel unter Beibehaltung der einschränkenden Bedingung für die Lage des Punktes *P*

1. Spitz- und stumpfwinklige Dreiecke

Nach THÜNEN bestimmt sich die Summe der Entfernungen eines rechtwinkligen Dreiecks von einem der Eckpunkte der Hypotenuse aus als:

$$\frac{a}{3}\int_0^b \sqrt{x^2 + a^2}\, dx \text{ mit den Grenzen } 0 \text{ und } b.$$

Setzt man nun an Stelle der unteren Grenze 0 eine beliebige andere, nämlich c, so kann man dadurch in einem Rechengang sowohl die Entfernungssumme S, als auch die mittlere Entfernung E eines stumpf- oder spitzwinkligen Dreiecks berechnen. Der Unterschied zwischen diesen beiden besteht in der Berechnung dann lediglich darin, daß im ersten Falle b und c beide positive oder beide negative x-Werte haben, während im zweiten Falle b und c entgegengesetzte Vorzeichen tragen.

Da die begrenzende Kurve, wie im vorigen Abschnitt nachgewiesen wurde, eine gleichseitige Hyperbel ist, deren Scheitel auf der y-Achse liegt, so ist der Funktionswert, also y, für diejenigen Werte von x derselbe, die sich nur durch ein positives oder negatives Vorzeichen unterscheiden. Dies ist auch ohne weiteres aus der Funktion $y = \sqrt{x^2 + a^2}$ zu erkennen, da x nur in der zweiten Potenz auftritt, somit x^2 stets positiv ist.

Diese vier Fälle lassen sich auf folgende zwei reduzieren: 1. b positiv; c positiv und 2. b positiv; c negativ, wo b stets $> c$ sei, d. h. man bezeichnet die größere Strecke von beiden mit b.

Sowohl die Dreiecke PBA und PB_1A_1, als auch die Flächenstücke $ABCD$ und $A_1B_1C_1D_1$ sind, wie wir sehen, in beiden Fällen nur Spiegelbilder um die y-Achse, auf der P liegt.

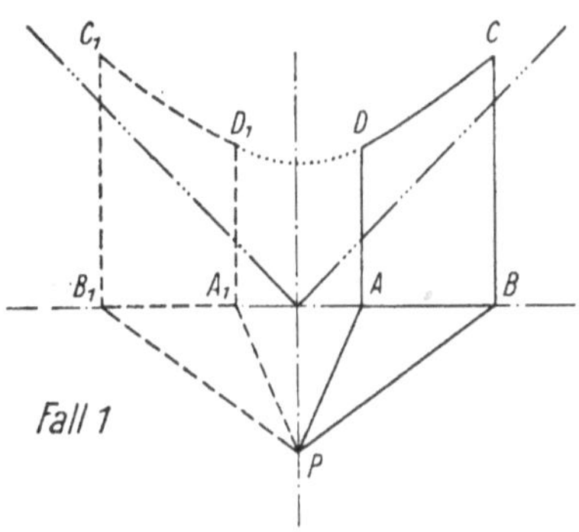

Abb. 4.

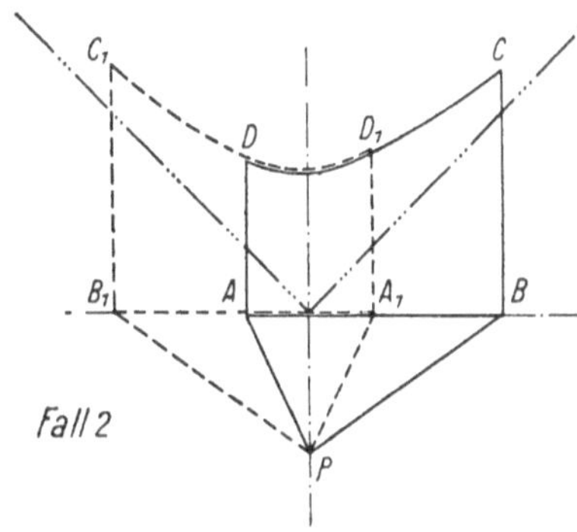

Abb. 5.

Das Integral $\frac{a}{3}\int\limits_c^b \sqrt{x^2+a^2}\,dx$ gibt die Summe der Entfernungen jedes Dreiecks von einem Eckpunkte aus an. Somit ist nach *(2a)*:

$$S = \frac{a}{3}\int\limits_c^b \sqrt{x^2+a^2}\,dx = \frac{a}{3}\left[\frac{x}{2}\sqrt{x^2+a^2} + \frac{a^2}{2}\ln\left(x+\sqrt{x^2+a^2}\right)\right]_c^b$$

$$S = \frac{a}{3}\left[\frac{b}{2}\sqrt{b^2+a^2} + \frac{a^2}{2}\ln\left(b+\sqrt{b^2+a^2}\right) - \frac{c}{2}\sqrt{c^2+a^2} - \frac{a^2}{2}\ln\left(c+\sqrt{c^2+a^2}\right)\right]$$

$$(6a)\quad S = \frac{a}{6}\left[b\sqrt{b^2+a^2} - c\sqrt{c^2+a^2} + a^2\cdot\ln\frac{b+\sqrt{b^2+a^2}}{c+\sqrt{c^2+a^2}}\right]$$

Für den zweiten Fall, d. h. für ein entgegengesetztes Vorzeichen von c, ändern sich nur die Vorzeichen bei c. Also:

$$(6b)\quad S = \frac{a}{6}\left[b\sqrt{b^2+a^2} + c\sqrt{c^2+a^2} + a^2\cdot\ln\frac{b+\sqrt{b^2+a^2}}{-c+\sqrt{c^2+a^2}}\right]$$

Die Fläche des Dreiecks ist:

$F = \frac{1}{2}(b-c)\cdot a$ und für entgegengesetzte Vorzeichen von b und c:

$F = \frac{1}{2}(b+c)\cdot a$, demnach, da $E = \frac{S}{F}$:

$$(7a)\quad E = \frac{1}{3(b-c)}\left[b\sqrt{b^2+a^2} - c\sqrt{c^2+a^2} + a^2 \cdot ln\frac{b+\sqrt{b^2+a^2}}{c+\sqrt{c^2+a^2}}\right]$$

oder wenn b und c entgegengesetzte Vorzeichen tragen:

$$(7b)\quad E = \frac{1}{3(b+c)}\left[b\sqrt{b^2+a^2} + c\sqrt{c^2+a^2} + a^2 \cdot ln\frac{b+\sqrt{b^2+a^2}}{-c+\sqrt{c^2+a^2}}\right]$$

Dies ist die allgemeine Formel für die mittlere Entfernung eines jeden Dreiecks von einem der Eckpunkte aus.

Die kritische Betrachtung der Formeln *(6)* und *(7)* zeigt, daß die THÜNENsche Formel *(5)* darin als Sonderfall enthalten ist, wenn nämlich $c = 0$ wird und daß diese Formeln nur drei Größen erfordern, die sich bei näherer Betrachtung als die Entfernungen des Fußpunktes der Höhe von den drei Eckpunkten des Dreiecks ergeben. Auf diese wichtige Tatsache werden wir später noch zurückkommen.

In jedem Dreieck, das durch drei Stücke gegeben ist, lassen sich diese drei erforderlichen Größen unschwer errechnen. Im Dreieck PBA (Abb. 6) sei f, e und α bekannt, dann ist:

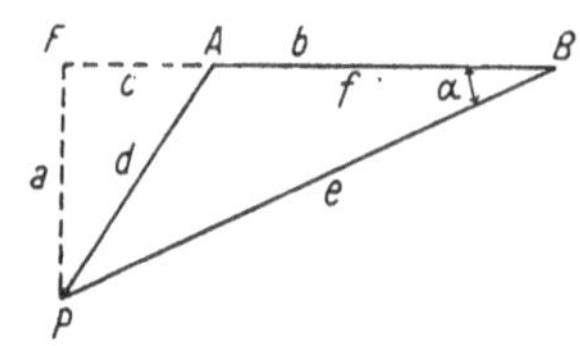

$$a = e \cdot \sin \alpha$$
$$b = e \cdot \cos \alpha$$
$$c = e \cdot \cos \alpha - f$$

Abb. 6.

Die Formeln *(6)* und *(7)* können also ohne weiteres rein geometrisch angewandt werden, ohne Rücksicht auf ein Koordinatensystem.

Eine weitere Vereinfachung ist oft dadurch möglich, daß an Stelle der lästigen Wurzeln gegebenenfalls die durch sie dargestellten Seiten eingesetzt werden können, also für:

$$\sqrt{b^2+a^2} \equiv e \text{ und für: } \sqrt{c^2+a^2} \equiv d$$

Dann haben die Formeln *(6)* und *(7)* folgendes Aussehen:

$$(6c)\qquad S = \frac{a}{6}\left[be - cd + a^2 \cdot ln\frac{b+e}{c+d}\right]$$

$$(6d)\qquad S = \frac{a}{6}\left[be + cd + a^2 \cdot ln\frac{b+e}{d-c}\right]$$

$$(7c)\qquad E = \frac{1}{3(b-c)}\left[be - cd + a^2 \cdot ln\frac{b+e}{c+d}\right]$$

(7d) $$E = \frac{1}{3(b+c)} \left[be + cd + a^2 \cdot ln \frac{b+e}{d-c} \right]$$

2. Flächengleiche Figuren mit gemeinsamen Eckpunkt

Zwischen den mittleren Entfernungen zweier flächengleicher Figuren, die den Eckpunkt P gemeinsam haben, bestehen folgende Beziehungen: die mittlere Entfernung der Gesamtfläche PBA ist gleich dem arithmetischen Mittel der mittleren Entfernungen der beiden Teilflächen PBC und PCA, also:

(8) $$E = \frac{E_1 + E_2}{2}$$

Dies geht aus folgender Überlegung hervor.

Es ist: $E_1 = \frac{S_1}{F_1}$ und $E_2 = \frac{S_2}{F_2}$ somit:

$$E = \frac{E_1 + E_2}{2} = \frac{\frac{S_1}{F_1} + \frac{S_2}{F_2}}{2} = \frac{S_1 F_2 + S_2 F_1}{2 F_1 F_2}$$ Ist $F_1 = F_2$, so wird:

$$E = \frac{E_1 + E_2}{2} = \frac{(S_1 + S_2) F_1}{2 F^2_1} = \frac{S_1 + S_2}{F_1 + F_2}$$

Das ist aber die mittlere Entfernung der Gesamtfläche, wenn die beiden Teilflächen gleichen Flächeninhalt haben, was mit der obigen Bedingung $F_1 = F_2$ übereinstimmt.

Ist an Stelle von E_1 und E_2 hierbei E und E_2 bekannt, so ergibt sich durch Umformung von Formel (8): $E_1 = 2E - E_2$

Oder wenn E und E_1 gegeben: $E_2 = 2E - E_1$

Allgemein gilt für n flächengleiche Figuren mit gemeinsamen Eckpunkt P, wenn: $E_1 = \frac{S_1}{F_1}$; $E_2 = \frac{S_2}{F_2}$; $E_3 = \frac{S_3}{F_3}$ usw. $E_n = \frac{S_n}{F_n}$

die Gesamtentfernungssumme: $S = S_1 + S_2 + S_3 + \ldots + S_n$

die Gesamtfläche: $F = F_1 + F_2 + F_3 + \ldots + F_n = n F_n$, da alle Teilflächen gleichen Flächeninhalt haben sollen, also die Bedingung gelten soll: $F_1 = F_2 = F_3 = \ldots = F_n$

$$E = \frac{S}{F} = \frac{S_1 + S_2 + S_3 + \ldots + S_n}{n F_n} = \frac{(S_1 + S_2 + S_3 + \ldots + S_n) \frac{1}{F_n}}{n}$$

$$E = \frac{\frac{S_1}{F_n} + \frac{S_2}{F_n} + \frac{S_3}{F_n} + \ldots + \frac{S_n}{F_n}}{n} = \frac{\frac{S_1}{F_1} + \frac{S_2}{F_2} + \frac{S_3}{F_3} + \ldots + \frac{S_n}{F_n}}{n}$$

$$(8a) \qquad E = \frac{E_1 + E_2 + E_3 + \ldots + E_n}{n}$$

Das bedeutet, daß die mittlere Entfernung der Gesamtfläche gleich dem arithmetischen Mittel der mittleren Entfernungen aller flächengleichen Teilflächen ist, die den Eckpunkt P gemeinsam haben.

Die Richtigkeit unserer Überlegungen soll an einem einfachen Beispiel gezeigt werden.

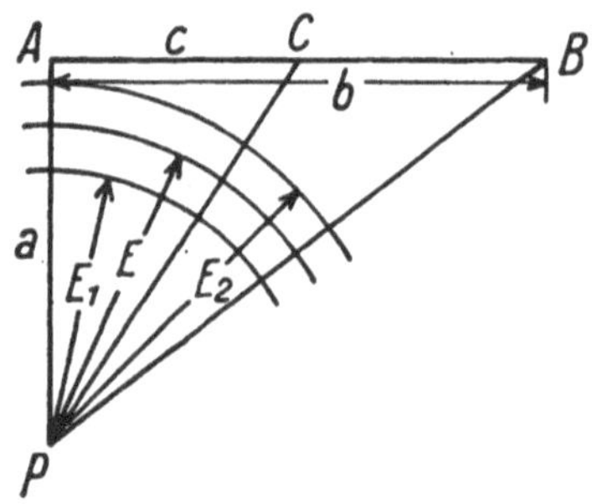

In Abb. 7 sei:

$AP \equiv a = 3$ cm;
$AB \equiv b = 4$ cm;
$AC \equiv c = 2$ cm

Abb. 7.

So ist $F_{\triangle PCA} = F_{\triangle PBC}$ und somit nach unserer Behauptung:

$E_{\triangle PBA} = \frac{E_{\triangle PCA} + E_{\triangle PBC}}{2}$, wo das Symbol $E_{\triangle PBA}$ weiter nichts bedeutet als die mittlere Entfernung im Dreieck PBA von P aus und analog: $F_{\triangle PBC}$ die Fläche des Dreiecks PBC.

Nach Formel *(7a)* ist die mittlere Entfernung im Dreieck PBA, für das $c = 0$ zu setzen ist:

$$E_{\triangle PBA} = \frac{1}{12}\left[4 \cdot \sqrt{16+9} + 9\, ln \frac{4+\sqrt{16+9}}{0+\sqrt{0+9}}\right]$$

$$= \frac{1}{12}[4 \cdot 5 + 9\, ln\, 3] = 2{,}4906259 \text{ cm}$$

ebenso im Dreieck PCA, wo für $c = 0$ und $b = c$ zu setzen ist:

$$E_{\triangle PCA} = \frac{1}{6}\left[2\sqrt{4+9} + 9\, ln \frac{2+\sqrt{4+9}}{0+\sqrt{0+9}}\right]$$

$$= \frac{1}{6}\left[2\sqrt{13} + 9\, ln \frac{2+\sqrt{13}}{3}\right] = 2{,}1396050 \text{ cm}$$

und im Dreieck PBC, wo $b = 4$ und $c = 2$ ist:

$$E_{\triangle PBC} = \frac{1}{6}\left[4\sqrt{16+9} - 2\sqrt{4+9} + 9\,ln\frac{4+\sqrt{16+9}}{2+\sqrt{4+9}}\right]$$

$$= \frac{1}{6}\left[4\cdot 5 - 2\sqrt{13} + 9\cdot ln\frac{9}{2+\sqrt{13}}\right] = 2{,}8416463 \text{ cm}$$

somit:

$$\frac{E_{\triangle PCA} + E_{\triangle PBC}}{2} = \frac{2{,}139605 + 2{,}8416463}{2} = 2{,}4906257 \text{ cm}$$

Das aber ist $E_{\triangle PBA}$.

3. *Vielecke*

Die mittlere Entfernung jedes beliebigen n-Ecks von einer Ecke oder von einem Punkt auf einer der Seiten läßt sich dadurch errechnen, daß man es in $n - 2$ Dreiecke zerlegt, deren jeweilige Entfernungssummen mit Hilfe unserer Formel errechnet werden können. Diese $n - 2$ Entfernungssummen addiert und durch die Gesamtfläche des n-Ecks dividiert, ergibt die mittlere Entfernung des gesamten n-Ecks.

Beispiel: Es soll die mittlere Entfernung des Fünfecks $PABCD$ ermittelt werden, das in all seinen Stücken gegeben ist.

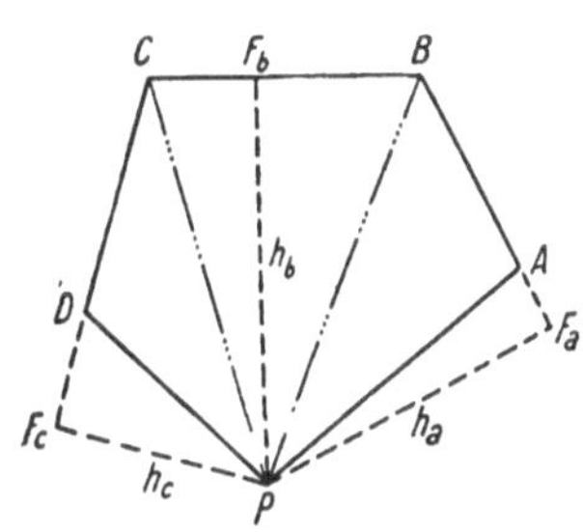

Abb. 8.

Lösungsgang: Man kann das Fünfeck von P aus in $5 - 2 = 3$ Dreiecke zerlegen. 1. $\triangle PAB$, 2. $\triangle PBC$, 3. $\triangle PCD$, in denen durch geometrische und trigonometrische Beziehungen die Strecken $\overline{F_a P}$, $\overline{F_a B}$, $\overline{F_a A}$; $\overline{F_b P}$, $\overline{F_b B}$, $\overline{F_b C}$; $\overline{F_c P}$, $\overline{F_c C}$, $\overline{F_c D}$ errechnet werden, die zum Einsetzen in Formel *(6)* erforderlich sind, um jeweils die Summe der Entfernungen in den drei Dreiecken bestimmen zu können. Die drei Entfernungssummen addiert und durch die Fläche des Fünfecks dividiert, ergibt die mittlere Entfernung des Fünfecks, also:

$$E = \frac{S_{\triangle PAB} + S_{\triangle PBC} + S_{\triangle PCD}}{F_{PABCD}}$$

Dies war der Lösungsgang für den Fall, daß die Fläche durch rein geometrische Beziehungen gegeben ist, also durch ihre Seiten und Winkel.

Vor einer neuen Aufgabe stehen wir jedoch, wenn die Fläche durch die Koordinaten ihrer Eckpunkte bestimmt ist. Man kann das Koordinatensystem nur einmal festlegen und wählt dazu zweckmäßigerweise als x-Achse eine der Seiten und als y-Achse das Lot von P auf diese Seite. (In dem Beispiel Abb. 8 etwa $\overline{BC}$ als x-Achse, h_b als y-Achse und F_b als Koordinatenanfangspunkt.)

Sind nun die Koordinaten der Eckpunkte in Beziehung auf dieses gewählte System bekannt, so läßt sich die Entfernungssumme im Dreieck PBC sehr einfach nach Formel *(6b)* errechnen. Für die beiden anderen Dreiecke PAB und PCD wären nun umständliche Koordinatentransformationen nötig. Wie wir aber bereits wissen, sind für die Formeln *(6)* und *(7)* überhaupt nur drei Größen erforderlich, nämlich die Länge der Höhe und die beiden Abstände der Eckpunkte des Dreiecks vom Fußpunkt der Höhe. Diese lassen sich analytisch aber viel leichter mit Hilfe der Streckenformel bestimmen.

Der Lösungsgang, der im einzelnen an einem späteren Beispiel durchgeführt werden wird, ist folgender:

Direkte Errechnung von S für das $\triangle PBC$,
Aufstellung der Gleichung der Seiten $\overline{AB}$ und $\overline{CD}$,
Gleichung der Höhen h_a und h_c,
Fußpunkte der Höhen F_a und F_c,
Länge der Höhen h_a und h_c,
Länge der Strecken $\overline{F_a A}$, $\overline{F_a B}$, $\overline{F_c D}$, $\overline{F_c C}$.

Die jeweils größere Strecke sei b, die kleinere c. Liegen beide Strecken auf derselben Seite der Höhe, so gilt die Formel *(6a)*, liegt eine der beiden auf der anderen Seite der Höhe, so ist die Formel *(6b)* anzuwenden, da c als negativ in die Formel *(6a)* eingesetzt werden muß.

Die so ermittelten drei Entfernungssummen für die drei Teildreiecke ergeben durch die Fläche des Fünfecks dividiert:

$$E = \frac{S_{\triangle PAB} + S_{\triangle PBC} + S_{\triangle PCD}}{F_{PABCD}}$$

III. ABSCHNITT

Berechnung und Vergleich der mittleren Entfernung verschiedener Sonderfälle

1. Strecke und Kreis

Im nachfolgenden soll nun gezeigt werden, wie man praktisch mit dieser Methode und den entwickelten Formeln arbeitet und zu welchen Ergebnissen sie uns führen.

Die mittlere Entfernung einer Strecke von einem Eckpunkt aus. Die Strecke sei a. Trägt man in jedem Punkt der Strecke die jeweilige Entfernung bis zum Eckpunkt P senkrecht an, so erhält man als Summe der Entfernungen das halbe Quadrat der Seite a (Abb. 9).

$$\text{Also: } S = \frac{a^2}{2}$$

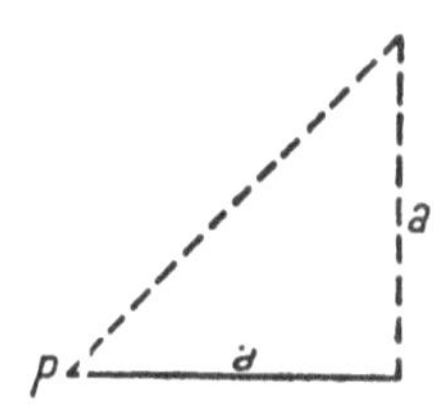

Abb. 9.

Durch die Länge der Strecke, also a, dividiert ergibt:

$$E = \frac{a^2}{2a} = \frac{1}{2}\,a$$

Die mittlere Entfernung eines Kreises vom Mittelpunkt aus.

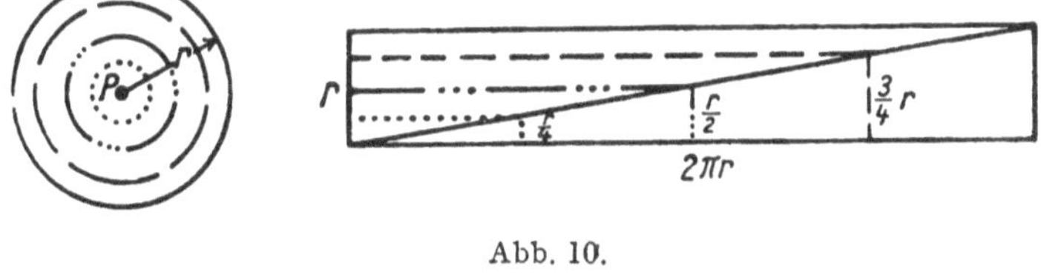

Abb. 10.

Vom Mittelpunkt P des Kreises zu jedem Punkt des Kreisumfanges den Radius als Entfernung gezogen und auf dem rektifizierten Kreisumfang $2\pi r$ als Senkrechte errichtet ergibt das Rechteck $2\pi r \cdot r$ als Summe der Entfernungen vom Mittelpunkt zum Kreisumfang

(Abb. 10). Zieht man nun konzentrische Kreise, mit denen man ebenso verfahren kann, so erhält man ebenfalls Rechtecke, deren beide Seiten proportional abnehmen, d. h. für den konzentrischen Kreis mit dem Radius $\frac{r}{2}$ ist der rektifizierte Umfang $2\pi\frac{r}{2} = \pi r$ und ebenso für $\frac{r}{4}$ ist der Umfang: $2\pi\frac{r}{4} = \frac{\pi r}{2}$ usw. Zieht man nun so viele konzentrische Kreise, daß im Grenzfalle die ganze Kreisfläche erfaßt wird und legt die dadurch gebildeten Rechtecke aufeinander, so entsteht wieder eine Pyramide mit der Grundfläche $2\pi r \cdot r$ und der Höhe r. Die Spitze der Pyramide, deren Rauminhalt sich bekanntlich als $\frac{1}{3}$ Grundfläche mal Höhe bestimmt, liegt über A, da der Radius des letzten Kreises gleich Null und somit der Umfang ebenfalls gleich Null ist.

Der Rauminhalt der Pyramide gibt die Summe der Entfernungen vom Mittelpunkt P zu jedem Punkt des Kreises an. Somit:

$$S = \frac{1}{3} \cdot 2\pi r^2 \cdot r = \frac{2}{3}\pi r^3$$

Der Flächeninhalt des Kreises ist:

$F = \pi r^2$, dann errechnet sich:

$$E = \frac{S}{F} = \frac{2}{3}\frac{\pi r^3}{\pi r^2} = \frac{2}{3} r \qquad (10)$$

2. Regelmäßige Vielecke vom Mittelpunkt aus

Die mittlere Entfernung eines gleichseitigen Dreiecks von einem Eckpunkt oder, was dasselbe ist, eines regelmäßigen Sechsecks vom Mittelpunkt aus.

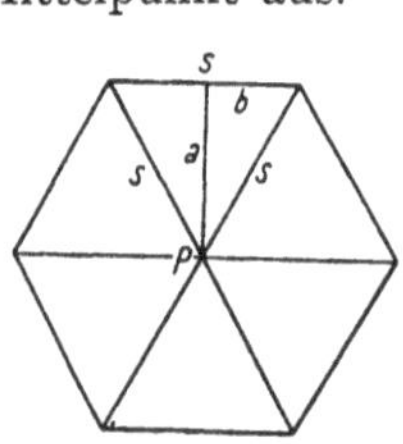

Abb. 11.

Ein regelmäßiges Sechseck (Abb. 11) läßt sich in sechs gleichseitige Dreiecke und jedes von diesen wieder in zwei kongruente rechtwinklige Dreiecke, sogenannte Bestimmungsdreiecke, zerlegen.

Die mittlere Entfernung dieses Bestimmungsdreiecks ist gleichzeitig diejenige des gleichseitigen Dreiecks und des regelmäßigen Sechsecks. Wie an früherer Stelle erläutert, errechnet sich die mittlere Entfernung eines Vielecks, das sich in flächengleiche Teildreiecke zerlegen läßt, als das arithmetische Mittel der mittleren Entfernungen dieser Teildreiecke.

Die mittlere Entfernung des rechtwinkligen Bestimmungsdreiecks sei E_1. Dann ist die mittlere Entfernung des regelmäßigen Sechsecks, das sich in zwölf kongruente Dreiecke, deren mittlere Entfernung E_1 ist, zerlegen läßt: $\frac{12 \cdot E_1}{12} = E_1$

Ebenso für das gleichseitige Dreieck: $\frac{2 \cdot E_1}{2} = E_1$

Dasselbe gilt für jede regelmäßige Figur.

Die mittlere Entfernung für das rechtwinklige Bestimmungsdreieck ist nach Formel *(5)*, wenn die Seite s gegeben ist und sich daraus die Höhe als $a = \sqrt{s^2 - \frac{s^2}{4}} = \frac{s}{2}\sqrt{3}$ errechnet, während $b = \frac{s}{2}$ ist:

$$E = \frac{1}{3\frac{s}{2}}\left[\frac{s}{2}\sqrt{\frac{s^2}{4} + \frac{3}{4}s^2} + \frac{3}{4}s^2 \cdot ln \frac{\frac{s}{2} + \sqrt{\frac{s^2}{4} + \frac{3}{4}s^2}}{\frac{s}{2}\sqrt{3}}\right]$$

$$(11) \quad E = \frac{2}{3}s\left[\frac{1}{2} + \frac{3}{4} \cdot ln \frac{3}{\sqrt{3}}\right] = \frac{1}{6}s\left[2 + 3 \cdot ln\sqrt{3}\right] = 0{,}608\ s$$

oder bezogen auf a ist $E = 0{,}7020576\ a$

Die mittlere Entfernung eines Quadrats vom Mittelpunkt P.

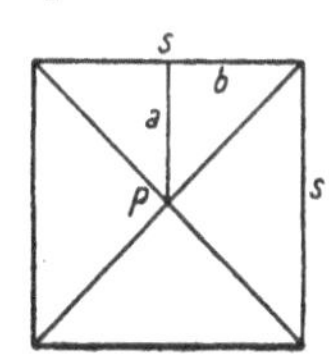

Abb. 12.

Es genügt hier ebenfalls, die mittlere Entfernung des rechtwinkligen Bestimmungsdreiecks zu ermitteln.

Gegeben ist die Quadratseite s, dann ist:

$$a = \frac{s}{2} \text{ und } b = \frac{s}{2}$$

Somit nach Formel *(5)*:

$$E = \frac{1}{3\frac{s}{2}}\left[\frac{s}{2}\sqrt{\frac{s^2}{4} + \frac{s^2}{4}} + \frac{s^2}{4} ln \frac{\frac{s}{2} + \sqrt{\frac{s^2}{4} + \frac{s^2}{4}}}{\frac{s}{2}}\right]$$

$$(12) \quad E = \frac{2}{3}s\left[\frac{1}{4}\sqrt{2} + \frac{1}{4} ln\,(1 + \sqrt{2})\right]$$

$$= \frac{1}{6}s\left[\sqrt{2} + ln\,(1 + \sqrt{2})\right] = 0{,}382599\,s$$

oder bezogen auf a ist $E = 0{,}765198\ a$

Die mittlere Entfernung eines regelmäßigen Achtecks vom Mittelpunkt P aus.

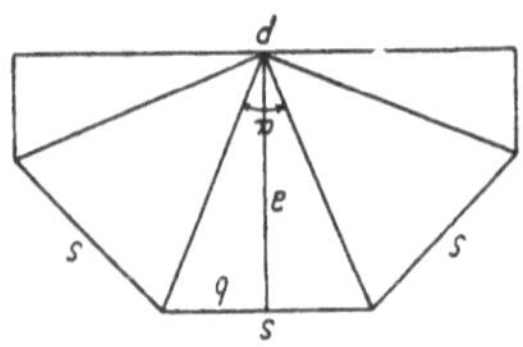

Abb. 13.

Gegeben ist die Seite s des Achtecks. Dann errechnen sich die Größen des Bestimmungsdreiecks (Abb. 13):

$$a = \frac{s}{2} \cdot \mathrm{ctg}\,\frac{\alpha}{2}; \quad b = \frac{s}{2}$$

Es ist nach Formel *(5)*:

$$E = \frac{1}{3\frac{s}{2}} \left[\frac{s}{2} \sqrt{\frac{s^2}{4} + \frac{s^2}{4}\,\mathrm{ctg}^2\frac{\alpha}{2}} \right.$$

$$\left. + \frac{s^2}{4}\,\mathrm{ctg}^2\frac{\alpha}{2} \cdot ln \frac{\frac{s}{2} + \sqrt{\frac{s^2}{4} + \frac{s^2}{4}\,\mathrm{ctg}^2\frac{\alpha}{2}}}{\frac{s}{2}\,\mathrm{ctg}\,\frac{\alpha}{2}} \right]$$

$$E = \frac{2}{3}\, s\, \frac{1}{4} \left[\sqrt{1 + \mathrm{ctg}^2\frac{\alpha}{2}} + \mathrm{ctg}^2\frac{\alpha}{2} \cdot ln \frac{1 + \sqrt{1 + \mathrm{ctg}^2\frac{\alpha}{2}}}{\mathrm{ctg}\,\frac{\alpha}{2}} \right]$$

$$(13) \quad E = \frac{1}{6}\, s \left[\frac{1}{\sin\frac{\alpha}{2}} + \mathrm{ctg}^2\frac{\alpha}{2} \cdot ln \frac{\sin\frac{\alpha}{2} + 1}{\cos\frac{\alpha}{2}} \right],$$

$$\text{da } \sin\frac{\alpha}{2} = \frac{1}{\sqrt{1 + \mathrm{ctg}^2\frac{\alpha}{2}}}$$

$E = 0{,}8272\, s$ oder bezogen auf a ist $E = 0{,}68526\, a$

Die mittlere Entfernung eines gleichseitigen Dreiecks vom Mittelpunkt P aus.

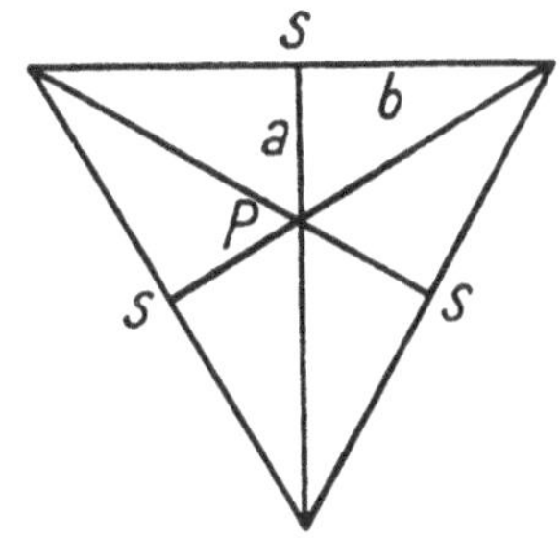

Abb. 14.

Gegeben ist die Seite s. Dann errechnen sich die Größen des Bestimmungsdreiecks (Abb. 14):

$$a = \frac{1}{3}\sqrt{s^2 - \frac{s^2}{4}} = \frac{1}{2\sqrt{3}}s; \quad b = \frac{s}{2}$$

Es ist nach *(5)*:

$$E = \frac{1}{3\frac{s}{2}}\left[\frac{s}{2}\sqrt{\frac{s^2}{4}+\frac{s^2}{12}} + \frac{s^2}{12}\,ln\,\frac{\frac{s}{2}\sqrt{\frac{s^2}{4}+\frac{s^2}{12}}}{\frac{s}{2\sqrt{3}}}\right]$$

$$(14) \quad E = \frac{1}{18}s\left[\sqrt{12} + ln\left(1+\frac{1}{3}\sqrt{12}\right)\sqrt{3}\right] = \frac{1}{18}s\left[2\sqrt{3}+ln(\sqrt{3}+2)\right]$$

$$E = 0{,}265615\ s \text{ oder bezogen auf } a \text{ ist } E = 0{,}92004\ a$$

Um einen noch besseren Vergleichsmaßstab zu haben, setzen wir bei all diesen Figuren denselben Flächeninhalt voraus, und zwar nehmen wir dazu die Kreisfläche πr^2.

Für das Quadrat mit dem Flächeninhalt des Kreises ist:

$$s^2 = \pi r^2; \quad s = r\sqrt{\pi}$$

somit $E = 0{,}382599\ s = 0{,}6781409\ r$

Für das Sechseck mit dem Flächeninhalt des Kreises ist:

$$\frac{3}{2}\sqrt{3}\,s^2 = \pi r^2; \quad s = r\sqrt{\frac{2\pi}{3\sqrt{3}}}$$

somit $E = 0{,}608\ s = 0{,}66854\ r$

Für das Achteck mit dem Flächeninhalt des Kreises ist:

$$2\,\mathrm{ctg}\,\frac{\alpha}{2}\cdot s^2 = \pi r^2; \quad s = r\sqrt{\frac{\pi}{2\,\mathrm{ctg}\,\frac{\alpha}{2}}}$$

und $E = 0{,}8272\ s = 0{,}66723\ r$

Für das gleichseitige Dreieck mit dem Flächeninhalt des Kreises ist:

$$\frac{\sqrt{3}}{4} s^2 = \pi r^2; \quad s = 2r\sqrt{\frac{\pi}{\sqrt{3}}}$$

somit $E = 0{,}265615\ s = 0{,}71547\ r$

In Tabelle 1 sind die Ergebnisse dieser Berechnungen über die mittleren Entfernungen regelmäßiger Figuren vom Mittelpunkt aus zusammengefaßt.

Tabelle 1

Figur	E bezogen auf die gegebene Seitenlänge s	E bezogen auf den Radius a des einbeschriebenen Kreises	E bezogen auf die Kreisfläche πr^2
Gleichseitiges Dreieck	0,26562 s	0,92004 a	0,71547 r
Quadrat	0,38260 s	0,76542 a	0,67814 r
Regelmäßiges Sechseck	0,60800 s	0,70206 a	0,66854 r
Regelmäßiges Achteck	0,82720 s	0,68526 a	0,66723 r
Kreis	—	0,66667 a	0,66667 r

Aus dieser Tabelle läßt sich sehr klar erkennen, daß der Kreis in bezug auf die mittlere Entfernung die günstigste Figur ist, d. h. bei gleichem Flächeninhalt die kürzeste mittlere Entfernung hat.

So wie der Kreis der Grenzfall aller regelmäßigen Vielecke ist, so nähern sich auch die mittleren Entfernungen der Vielecke der mittleren Entfernung des Kreises als Grenzwert. In diesem Grenzfall fällt der Radius des einbeschriebenen Kreises mit dem Kreisradius zusammen, deshalb nähern sich auch die Werte der Spalte 2 der Tabelle 1 diesem Grenzwert $\frac{2}{3} r$.

Da aber aneinandergelegte Kreise und Achtecke eine Ebene nicht restlos erfüllen, so ist im ganzen gesehen das Sechseck, das die Ebene wabenförmig ausfüllt, die relativ günstigste Figur, da ihre mittlere Entfernung im Verhältnis zur eingeschlossenen Fläche kleiner ist als die ebenfalls eine Ebene ohne Lücke bedeckenden Figuren Quadrat und gleichseitiges Dreieck.

Unsere Berechnungen führen damit zu demselben Ergebnis, zu dem A. Loesch (B 6, 65², 75 ff., 315 f.) auf Grund seiner Arbeiten über Standortsprobleme gelangte.

3. Regelmäßige Vielecke von einem der Eckpunkte aus

Als nächstes sind dieselben Berechnungen für den Fall durchzuführen, daß der Punkt P an einem der Eckpunkte der regelmäßigen Figur liegt.

Für das gleichseitige Dreieck haben wir dies schon gelegentlich der Berechnung für das Sechseck getan (Abb. 11) und $E = 0{,}608\, s = 0{,}70206\, a$ erhalten. Ist die Dreiecksfläche $= \pi r^2$, so ist:

$$\frac{\sqrt{3}}{4} s^2 = \pi r^2; \quad s = 2r\sqrt{\frac{\pi}{\sqrt{3}}} \quad \text{somit } E = 1{,}6376\, r$$

Für das Quadrat errechnet sich die mittlere Entfernung vom Punkte P aus, da $a = s$ und $b = s$:

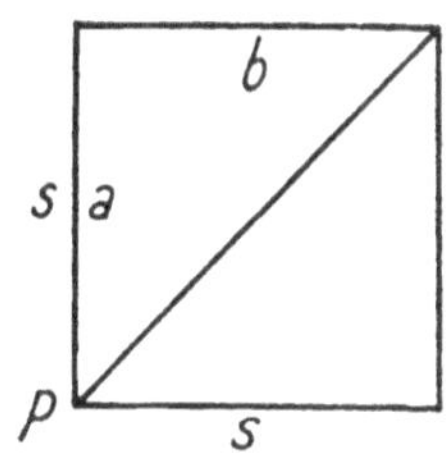

Abb. 15.

$$(15) \quad E = \frac{1}{3s}\left[s\sqrt{s^2 + s^2} + s^2 ln \frac{s + \sqrt{s^2 + s^2}}{s}\right] = \frac{1}{3} s \left[\sqrt{2} + ln(1 + \sqrt{2})\right]$$

$E = 0{,}765198\, s$ und da hier $a = s$, so ist auch $E = 0{,}765198\, a$. Die mittlere Entfernung ist hier doppelt so groß wie im ersten Fall, als der Punkt P in der Mitte lag.

Es läßt sich folgender allgemeiner Satz aufstellen:
Ändern sich a **und** b proportional, so wächst E in demselben Maße oder dasselbe anders ausgedrückt: in ähnlichen Figuren verhalten sich die mittleren Entfernungen wie die Quadratwurzeln der Flächeninhalte.

Das soll etwas anschaulicher dargestellt werden. Auf Grund des Strahlensatzes (Abb. 16) verhält sich: $a : b = a' : b'$ d. h. es ist $a' = na$ und $b' = nb$, wobei n der Proportionalitätsfaktor ist. Setzt man zur Errechnung von $E_{\triangle PA'B'}$ in die Formel *(5)* an Stelle von a und b die Größen a' und b' ein und ersetzt diese dann durch $a' = na$ und $b' = nb$, so ergibt sich:

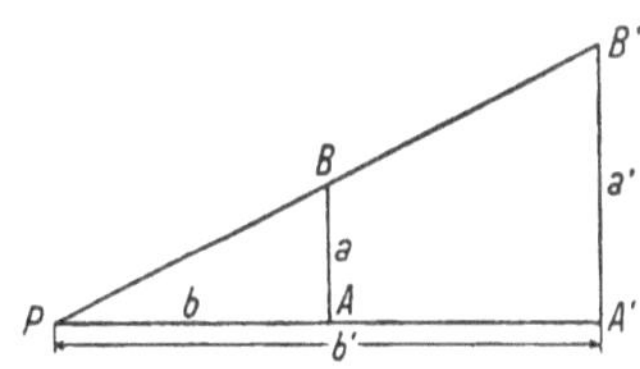

Abb. 16.

$$E_{\triangle PA'B'} = \frac{1}{3nb}\left(nb\sqrt{n^2b^2 + n^2a^2} + n^2a^2 \cdot ln \frac{nb + \sqrt{n^2b^2 + n^2a^2}}{na}\right)$$

$$E_{\triangle PA'B'} = \frac{n}{3b}\left(b\sqrt{b^2 + a^2} + a^2 \cdot ln \frac{b + \sqrt{b^2 + a^2}}{a}\right)$$

$$(16) \qquad E_{\triangle PA'B'} = n \cdot E_{\triangle PAB}$$

Dadurch ist der oben aufgestellte Satz bewiesen.

Gleichzeitig verhalten sich die Flächen der beiden ähnlichen Dreiecke $PA'B'$ und PAB, wenn $a' = na$ und $b' = nb$:

$$F_{\triangle PA'B'} : F_{\triangle PAB} = \frac{n^2 ab}{2} : \frac{ab}{2} = n^2 : 1$$

Das heißt: Alle gleichliegenden Strecken ähnlicher Figuren verhalten sich proportional, ebenso die Quadratwurzeln der Flächeninhalte, da die Flächen selbst im Quadrat zunehmen.

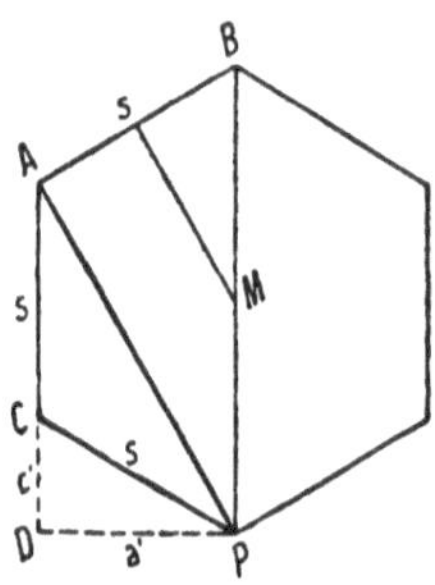

Abb. 17.

Für ein Quadrat von der Fläche πr^2 ist: $s = \sqrt{\pi}\, r$, somit $E = 1{,}35628\, r$

Das Sechseck können wir zur Errechnung der mittleren Entfernung vom Eckpunkt P aus durch die Diagonale $\overline{PB}$ halbieren, denn für zwei kongruente Hälften ist die mittlere Entfernung dieselbe.

Die Linie $\overline{PA}$ teilt das gleichschenklige Trapez $PBAC$ in zwei Dreiecke, in $\triangle PBA$ und $\triangle PAC$.

Im Dreieck PBA ist: $a = \sqrt{4s^2 - s^2} = \sqrt{3} \cdot s$ und $b = s$, somit:

$$S_{\triangle PBA} = \frac{\sqrt{3}\, s}{6} \left[s \sqrt{s^2 + 3s^2} + 3s^2 \ln \frac{s + \sqrt{s^2 + 3s^2}}{\sqrt{3}\, s} \right]$$

$$= \frac{\sqrt{3}}{6} s^3 \left[2 + 3 \ln \sqrt{3} \right]$$

Im Dreieck PAC ist: $a' = \frac{\sqrt{3}}{2} s = \frac{a}{2}$; $b = \sqrt{3s^2 - \frac{3}{4} s^2} = \frac{3}{2} s$

und $c = b - s = \frac{1}{2} s$, somit nach *(6a)*:

$$S_{\triangle PAC} = \frac{\sqrt{3}\, s}{12} \left[\frac{3}{2} s \sqrt{\frac{9}{4} s^2 + \frac{3}{4} s^2} - \frac{1}{2} s \sqrt{\frac{1}{4} s^2 + \frac{3}{4} s^2} \right.$$

$$\left. + \frac{3}{4} s^2 \ln \frac{\frac{3}{2} s + \sqrt{\frac{9}{4} s^2 + \frac{3}{4} s^2}}{\frac{1}{2} s + \sqrt{\frac{1}{4} s^2 + \frac{3}{4} s^2}} \right]$$

$$S_{\triangle PAC} = \frac{\sqrt{3}\,s^3}{12}\left[\frac{3}{4}\sqrt{12} - \frac{1}{4}\sqrt{4} + \frac{3}{4}\,ln\,\frac{\frac{3}{2}+\frac{1}{2}\sqrt{12}}{\frac{1}{2}+\frac{1}{2}\sqrt{4}}\right]$$

$$= \frac{\sqrt{3}\,s^3}{48}\left[6\sqrt{3} - 2 + 3\cdot ln\left(1+\frac{2}{3}\sqrt{3}\right)\right]$$

Daraus errechnet sich:

$$E = \frac{S_{\triangle PBA} + S_{\triangle PAC}}{F_{PBAC}}, \text{ wenn } F_{PBAC} = \frac{3}{4}\sqrt{2}\,s^2$$

$$(17)\quad E = \frac{\sqrt{3}\,s^3\left[16 + 24\,ln\sqrt{3} + 6\sqrt{3} - 2 + 3\,ln\left(1+\frac{2}{3}\sqrt{3}\right)\right]}{48\cdot 3\cdot\sqrt{3}\,s^2}$$

$$= \frac{14 + 6\sqrt{3} + 3\,ln\,(81 + 54\sqrt{3})}{36}\,s = 1{,}107742\,s$$

Wenn die Fläche des Sechsecks $= \pi r^2$ ist, so gilt:

$$\frac{3}{2}\sqrt{3}\,s^2 = \pi r^2; \quad s = \sqrt{\frac{2\pi}{3\sqrt{3}}}\cdot r \quad \text{somit: } E = 1{,}2181\,r.$$

Die mittlere Entfernung eines regelmäßigen Achtecks vom Eckpunkt P aus.

Das Achteck läßt sich durch die Diagonale $\overline{PA}$ in zwei kongruente Hälften zerlegen und diese sich wiederum in drei Teildreiecke $\triangle PAB, \triangle PBC, \triangle PCD$ (Abb. 18).

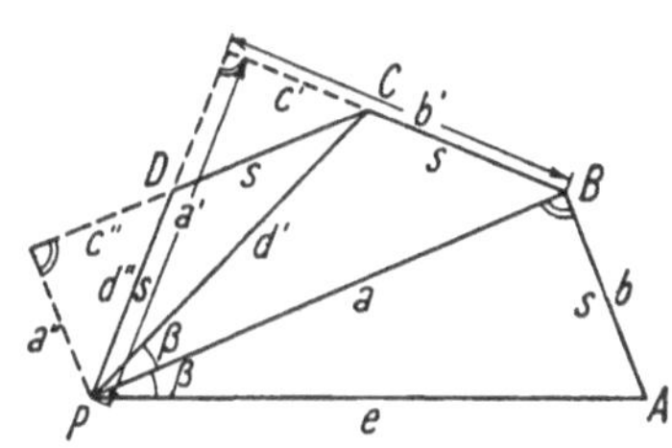

Abb. 18.

Im Dreieck PAB ist: $a = s\cdot\operatorname{ctg}\beta$, wobei $\beta = 22{,}5$

$$b = s;\; e = \sqrt{b^2 + a^2} = s\sqrt{1+\operatorname{ctg}^2} = \frac{s}{\sin\beta}$$

Da die in der Formel *6a* auftretende Größe $c = 0$ ist, so ergibt sich nach der einfacheren Formel *(3)*:

$$S_{\triangle PAB} = \frac{s \operatorname{ctg} \beta}{6} \left[\frac{s^2}{\sin \beta} + s^2 \operatorname{ctg}^2 \beta \, ln \frac{s + \frac{s}{\sin \beta}}{s \cdot \operatorname{ctg} \beta} \right]$$

$$= \frac{\operatorname{ctg}^3 \beta}{6} s^3 \left[\frac{\operatorname{ctg} \beta}{\cos \beta} + ln \frac{\sin \beta + 1}{\cos \beta} \right] = 1{,}997026 \, s^3$$

Im Dreieck PBC: $a' = \frac{s}{\sqrt{2}} \operatorname{ctg} \beta$, wobei $\beta = 22{,}50$

$$b' = a' = \frac{s}{\sqrt{2}} \operatorname{ctg} \beta\,; \quad c' = \frac{s}{\sqrt{2}}\,; \quad d' = \frac{s}{\sqrt{2} \sin \beta}$$

Dann ist nach der Formel *(6c)*, wobei darin für $a = a'$, für $b = b'$, für $c = c'$, für $d = d'$ und für $e = a$ zu setzen sind:

$$S_{\triangle PBC} = \frac{s \cdot \operatorname{ctg} \beta}{6\sqrt{2}} \left[\frac{s^2}{\sqrt{2}} \operatorname{ctg}^2 \beta - \frac{s^2}{2 \sin \beta} \right.$$

$$\left. + \frac{s^2}{2} \operatorname{ctg}^2 \beta \, ln \frac{\frac{s}{\sqrt{2}} \operatorname{ctg} + s \cdot \operatorname{ctg} \beta}{\frac{s}{\sqrt{2}} + \frac{s}{\sqrt{2} \sin \beta}} \right]$$

$$= \frac{\operatorname{ctg}^3 \beta}{12\sqrt{2}} s^3 \left[\sqrt{2} - \frac{tg \, \beta}{\cos \beta} + ln \frac{\cos \beta \, (1 + 2)}{\sin \beta + 1} \right] = i \; 1{,}973635 \, s^3$$

Ebenso ist im Dreieck PCD: $a'' = c' = \frac{s}{2}$, $b'' = \frac{s}{2} ctg \, \beta$,

$$c'' = a'' = c' = \frac{s}{\sqrt{2}}, \quad d'' = s$$

Somit ist nach Formel *(6 c)*, wobei nunmehr für $a = a''$, $b = b''$, $c = c''$, $d = d''$ und $e = d' = \frac{s}{2 \sin}$ eingesetzt werden muß:

$$S_{\triangle PCD} = \frac{s}{62} \left[\frac{s^2 \operatorname{ctg} \beta}{2 \sin \beta} - \frac{s^2}{\sqrt{2}} + \frac{s^2}{2} ln \frac{\frac{s}{\sqrt{2}} \operatorname{ctg} \beta + \frac{s}{\sqrt{2} \sin \beta}}{\frac{s}{\sqrt{2}} + s} \right]$$

$$S_{\triangle PCD} = \frac{s^3}{12\sqrt{2}}\left[\frac{\operatorname{ctg}\beta}{\sin\beta} - \sqrt{2} + ln\frac{\cos\beta + 1}{\sin\beta\,(1+2)}\right] = 0{,}331635\, s^3$$

$$(18)\quad E = \frac{S_{\triangle PAB} + S_{\triangle PBC} + S_{\triangle PCD}}{F_{PABCD}} = 1{,}46052\, s$$

Für ein Achteck von der Fläche πr^2 ist: $s = \sqrt{\dfrac{\pi}{2\operatorname{ctg}\dfrac{\alpha}{2}}}\, r$ und

$E = 1{,}17809\, r$

Die Ergebnisse dieser Berechnungen sind in Tab. 2 zusammengefaßt.

Tabelle 2

Figur	E von einem Eckpunkt bezogen auf die gegebene Seite s	E bezogen auf die Kreisfläche πr^2	Verhältnis der E von einem Eckpunkt zur E vom Mittelpunkt
Gleichseitiges Dreieck	0,60800 s	1,63760 r	2,2894 : 1
Quadrat	0,76520 s	1,35628 r	2 : 1
Regelmäßiges Sechseck	1,10774 s	1,21810 r	1,8219 : 1
Regelmäßiges Achteck	1,46052 s	1,17809 r	1,7656 : 1
Kreis	—	1,12606 r	1,6890 : 1

Der hier eingesetzte Wert für die mittlere Entfernung des Kreises von einem Punkt des Kreisumfanges ist einer Berechnung entnommen, die an späterer Stelle angeführt werden wird.

Wir sehen aus Tabelle 2 wieder eine Annäherung an die mittlere Entfernung des Kreises als Grenzwert.

Die mittlere Entfernung wächst mit der Verlegung des Punktes aus dem Mittelpunkt an eine der Ecken desto weniger, je mehr sich das Vieleck dem Kreis nähert oder anders: beim gleichseitigen Dreieck ist die zentrale Lage des Punktes von ausschlaggebenderer Bedeutung als z. B. beim Kreis, obwohl sie auch hier natürlich eine wesentliche Verbesserung bringt.

IV. ABSCHNITT

Die mittlere Entfernung eines Dreiecks bei beliebiger Lage des Punktes *P*

1. Entwicklung der Methode

Wenn das bisher Gezeigte auch eine wesentliche Verbesserung und Erweiterung der THÜNENschen Formel darstellt, so gelten jedoch noch immer dieselben beschränkenden Voraussetzungen, nämlich daß der Punkt, von dem aus die mittlere Entfernung bestimmt werden soll, zufällig auf einem der Eckpunkte oder zumindest auf einer der Seiten der Figur liegen muß, um von diesem Punkt aus die Fläche dann in Dreiecke zerlegen zu können. Deshalb bietet das Bisherige eigentlich noch nichts grundlegend Neues.

Es soll nunmehr die Frage aufgeworfen werden, wie es möglich ist, die mittlere Entfernung eines beliebigen Punktes außerhalb oder innerhalb der Fläche zu ermitteln.

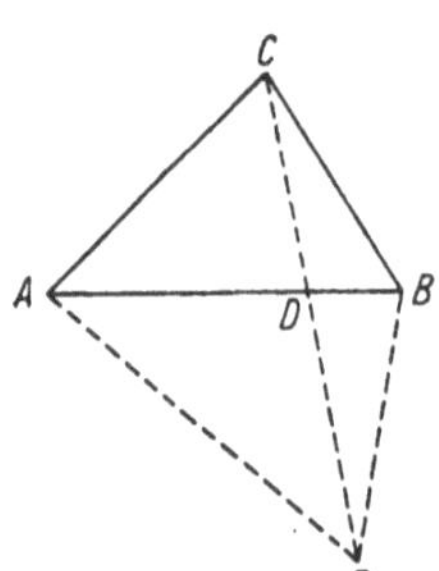

Abb. 19.

Gegeben ist das Dreieck ABC, dessen mittlere Entfernung vom Punkt P gefunden werden soll.

Zieht man von P aus die Verbindungslinien zu den Eckpunkten A, B und C, so entstehen dadurch die drei Dreiecke PBC, PCA und PBA, für die sich mit Hilfe der Formeln *(6)* die jeweilige Entfernungssumme ohne weiteres errechnen läßt.

Wie erhält man jedoch die Summe der Entfernungen von P zum $\triangle ABC$?

Folgender Weg führt uns zum Ziel. Halten wir uns die Definition der mittleren Entfernung nochmals genau vor Augen, so ist es zur Errechnung der mittleren Entfernung nur notwendig, die Summe der Entfernungen vom Punkt P zu der gegebenen Fläche und die Fläche selbst zu kennen.

Die zweite Bedingung ist für jedes beliebige n-Eck erfüllt, dessen Stücke gegeben sind.

Stellt man sich von P aus zu jedem Punkt des Vierecks $PBCA$ eine Gerade gezogen vor und nimmt davon all die Geraden weg, die nicht über die Dreiecksseite AB reichen, also nur bis zu den Punkten des Dreiecks PBA führen, so bleiben all die Entfernungen übrig, die zu den Punkten innerhalb des Dreiecks ABC führen.

Man erhält also:

$$S_{\triangle ABC} = S_{\triangle PBC} + S_{\triangle PCA} - S_{\triangle PBA}$$

Die Fläche ABC kann man sich ebenfalls entstanden denken aus:

$$F_{\triangle ABC} = F_{\triangle PBC} + F_{\triangle PCA} - F_{\triangle PBA}$$

Dann ist:

$$(19) \quad E_{\triangle ABC} = \frac{S_{\triangle ABC}}{F_{\triangle ABC}} = \frac{S_{\triangle PBC} + S_{\triangle PCA} - S_{\triangle PBA}}{F_{\triangle PBC} + F_{\triangle PCA} - F_{\triangle PBA}}$$

oder kurz: $E = \frac{S}{F} = \frac{S_1 + S_2 - S_3}{F_1 + F_2 - F_3}$

während: $E_1 = \frac{S_1}{F_1}$, $E_2 = \frac{S_2}{F_2}$ und $E_3 = \frac{S_3}{F_3}$ ist.

Aus diesem Grunde ist es unmöglich, durch irgendeine Zusammenstellung oder Verrechnung von E_1, E_2 und E_3 die gesuchte mittlere Entfernung E zu erhalten.

Die aufgestellte Formel *(19)* kann insofern keine allgemeingültige sein, als der Punkt P verschiedene Lagen zu der gegebenen Fläche einnehmen kann. Damit ändern sich aber nur die Vorzeichen von S_1, S_2, S_3 usw., F_1, F_2, F_3 usw., und zwar in analoger Weise.

P kann im Höchstfall soviel verschiedene Lagen einnehmen, als es möglich ist, von P aus Dreiecke durch Verbinden mit den Eckpunkten eines Vielecks zu bilden. Das sind aber für ein n-Eck n Dreiecke, von denen zwei dadurch Null werden können, daß der Punkt gerade auf dem Schnittpunkt zweier Seiten oder zweier verlängerter Seiten liegt. Liegt er auf einer Seite oder auf ihrer Verlängerung, so wird nur ein Dreieck zu Null.

Zur Erläuterung ein Beispiel: bei beliebiger Lage des Punktes P können bei einem gegebenen Dreieck von P aus drei Dreiecke gebildet werden (Abb. 19). Liegt P auf D, so sind noch zwei Dreiecke möglich und fällt P mit A zusammen, so ist nur ein Dreieck vorhanden.

Bleiben wir vorerst beim Dreieck, so kann die verschiedene Lage des Punktes P folgende drei prinzipiell sich unterscheidende Arten der Berechnung von E erfordern:

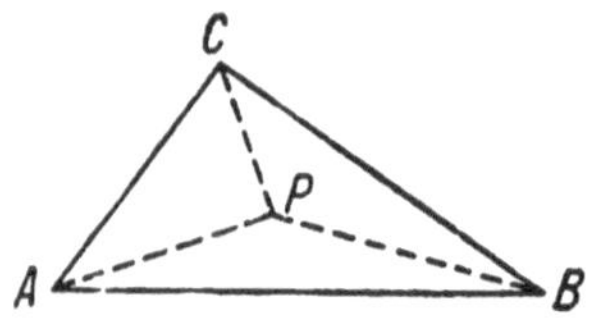

Abb. 20.

1. P liegt innerhalb des Dreiecks (Abb. 20).

(19a) So ist: $E = \frac{S_1 + S_2 + S_3}{F_1 + F_2 + F_3}$

Welches der drei Teildreiecke wir mit 1, 2 oder 3 bezeichnen, ist dabei gleichgültig.

2. P liegt einer Seite gegenüber (Abb. 21).

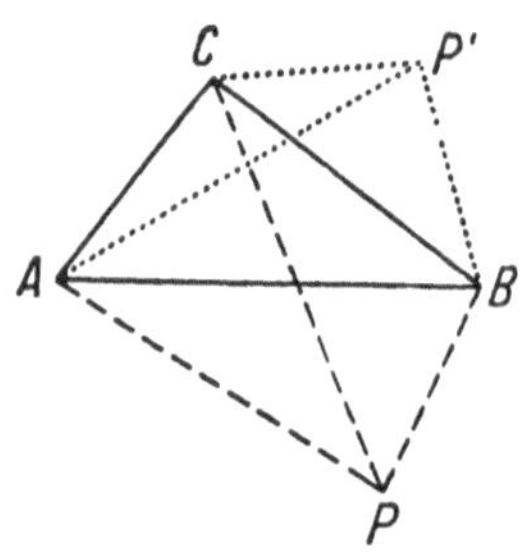

Abb. 21.

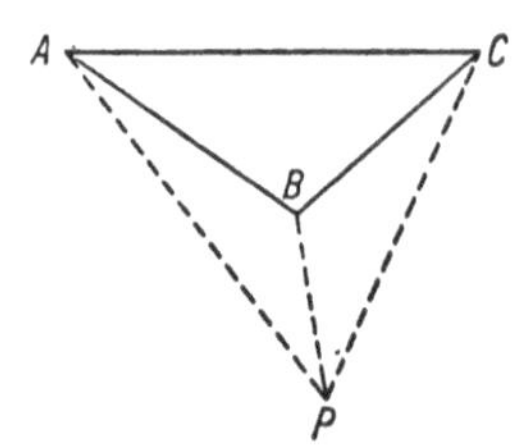

Abb. 22.

(19b) So ist: $E = \frac{S_1 + S_2 - S_3}{F_1 + F_2 - F_3}$

Wir bezeichnen diesmal die beiden Dreiecke, die zusammen das Viereck $PBCA$ ergeben, mit 1 und 2 und das davon abzuziehende Dreieck PBA mit 3; würde P der Seite BC gegenüberliegen (P' in Abb. 21), so würde entsprechend das Dreieck $P'BC$ mit 3, die beiden, das Viereck $P'CAB$ bildenden Dreiecke mit 1 und 2 benannt.

3. P kann nun auch noch einer Ecke gegenüberliegen.

Dann errechnet sich:

(19c) $$E = \frac{S_1 - S_2 - S_3}{F_1 - F_2 - F_3}$$

wobei diesmal $\triangle PCA$ mit 1, $\triangle PCB$ und $\triangle PBA$ mit 2 und 3 oder 3 und 2 bezeichnet werden.

Es gibt also beim Dreieck folgende drei Möglichkeiten:

1. Alle 3 Größen positiv,
2. 2 Größen positiv und 1 Größe negativ,
3. 1 Größe positiv und 2 Größen negativ.

Die Freiheit, die Dreiecke nach Belieben zu numerieren, ermöglicht die Errechnung von E bei beliebiger Lage von P durch eine der obigen drei Formeln *(19)*.

Für ein Viereck bestehen dann folgende vier Möglichkeiten:

1. Alle 4 Größen positiv,
2. 3 Größen positiv und 1 Größe negativ,
3. 2 Größen positiv und 2 Größen negativ,
4. 1 Größe positiv und 3 Größen negativ.

Es läßt sich also kurz sagen: für die allgemeinste Lage von P bestehen bei einem n-Eck n Möglichkeiten, die Entfernungssummen bzw. die Flächen miteinander zu verrechnen.

Es ist deshalb in jedem Falle zu empfehlen, sich eine kleine ungefähre Skizze der Figur zu machen, um die Lage des Punktes P feststellen und die Entfernungssummen sinngemäß und richtig miteinander verrechnen zu können.

Die Fläche, durch die die Entfernungssumme S dividiert werden muß, wird man in den allermeisten Fällen direkt und nicht über den Umweg einer Zusammensetzung aus mehreren Teildreiecken errechnen.

Damit ist es gelungen, durch konsequente Fortführung des von Thünen eingeschlagenen Weges auf überraschend einfache und verständliche Weise die gestellte Frage zu lösen, wodurch nunmehr die Möglichkeit gegeben ist, die mittlere Entfernung jeder gradlinig begrenzten Figur von einem beliebig gelegenen Punkt aus zu bestimmen.

Im folgenden soll nun die praktische Durchführung an einigen Beispielen gezeigt und Formeln für die Errechnung unter den verschiedenen gegebenen Voraussetzungen entwickelt werden.

2. *Berechnung eines analytischen Beispiels*

Es soll die Bestimmung der mittleren Entfernung eines Kreisringes vorausgeschickt werden, die den eben entwickelten Weg sehr schön und leicht veranschaulicht.

Gegeben ist der Kreisring durch die Radien r und ϱ der beiden ihn begrenzenden konzentrischen Kreise (Abb. 23).

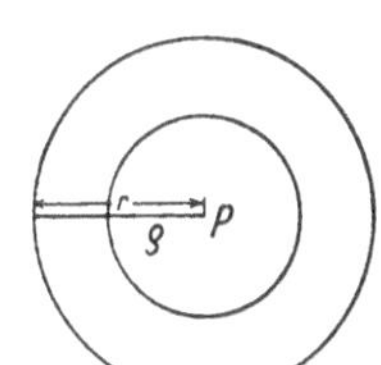

Abb. 23.

Dann ist die Summe der Entfernungen im Kreis mit dem Radius r, wie wir aus der Ableitung der Formel *(10)* wissen: $S = \frac{2}{3}\pi r^3$ und analog für den Kreis mit dem Radius ϱ: $S = \frac{2}{3}\pi\varrho^3$.

Nach der im vorigen Abschnitt entwickelten Methode erhält man die Summe der Entfernungen von P zum gegebenen Kreisring dadurch, daß man von der Summe der Entfernungen im Kreis mit dem Radius r alle Entfernungen abzieht, die nicht bis in den Kreisring führen. Das sind aber alle Entfernungen im Kreis mit dem Radius ϱ.

Demnach: $S = S_r - S_\varrho = \frac{2}{3}\pi(r^3 - \varrho^3)$.

Die Fläche des Kreisringes ist:

$$F = \pi r^2 - \pi\varrho^2 = \pi(r^2 - \varrho^2) \quad \text{somit:}$$

$$(20) \qquad E = \frac{S}{F} = \frac{\frac{2}{3}\pi(r^3 - \varrho^3)}{\pi(r^2 - \varrho^2)} = \frac{2}{3}\,\frac{r^3 - \varrho^3}{r^2 - \varrho^2}$$

Diese Formel findet sich auch bei A. TSCHAJANOW (B 2, 37), der jedoch auf einem völlig anderen Wege zu diesem Ergebnis gelangt.

Als nächstes die Errechnung der mittleren Entfernung des Dreiecks ABC von einem beliebigen Punkt P aus.

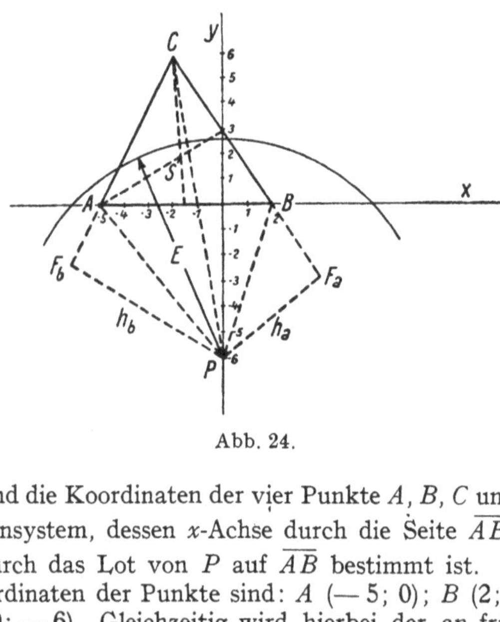

Abb. 24.

Gegegen sind die Koordinaten der vier Punkte A, B, C und P in einem Koordinatensystem, dessen x-Achse durch die Seite $\overline{AB}$ und dessen y-Achse durch das Lot von P auf $\overline{AB}$ bestimmt ist.

Die Koordinaten der Punkte sind: A (— 5; 0); B (2; 0); C (— 2; + 6); P (0; — 6). Gleichzeitig wird hierbei der an früherer Stelle beschriebene Rechnungsgang durchgeführt.

Wie Abb. 24 zeigt, liegt P einer Seite gegenüber, so daß also Formel *(19b)* angewendet werden muß. Es sei das Dreieck $PCA = \triangle\, 1$, Dreieck $PBC = \triangle\, 2$ und Dreieck $PBA = \triangle\, 3$.

Dreieck 1:

1. Gleichung der Seite $\overline{AC}$:

Nach der Zweipunktformel der analytischen Geometrie ist:

$$\frac{y-0}{x+5} = \frac{0-6}{-5+2} \quad \text{daraus: } y = 2x + 10$$

2. Richtung der Höhe h_b:

Die Höhe steht senkrecht auf $\overrightarrow{AC}$, somit gilt: $m_h = -\frac{1}{m_1}$

$$\text{Da } m_1 = 2, \text{ so ist: } m_h = -\frac{1}{2}$$

3. Gleichung der Höhe h_b:

Die Höhe geht durch P, der auf der y-Achse liegt und somit durch seine Koordinaten sofort den Abschnitt auf der y-Achse angibt. Die Gleichung der Höhe h_b ist deshalb:

$$y = -\frac{1}{2}x - 6$$

4. Fußpunkt F_b der Höhe h_b:

Der Fußpunkt F_b liegt sowohl auf der Höhe h_b als auf der Seite $\overline{AC}$. Seine Koordinaten genügen somit den beiden Gleichungen 1. und 3. Durch Gleichsetzung folgt:

$$2x + 10 = -\frac{1}{2}x - 6 \quad \text{daraus: } x = -\frac{32}{5} = -6\frac{2}{5}$$

Diesen x-Wert in eine der beiden Gleichungen substituiert, ergibt:

$$y = -\frac{14}{5} = -2\frac{4}{5}$$

5. Länge der Höhe h_b:

Nach der Abstandsformel ist:

$$h_b = \sqrt{\left(-\frac{32}{5}\right)^2 + \left(-\frac{14}{5} + 6\right)^2} = \sqrt{\left(\frac{32}{5}\right)^2 + \left(\frac{16}{5}\right)^2} = \frac{16}{5}\sqrt{5} \equiv a_1$$

6. Länge der Strecken $\overline{F_b A}$ und $\overline{F_b C}$:

$$\overline{F_b A} = \sqrt{\left(-5 + \frac{32}{5}\right)^2 + \left(\frac{14}{5}\right)^2} = \sqrt{\left(\frac{7}{5}\right)^2 + \left(\frac{14}{5}\right)^2} = \frac{7}{5}\sqrt{5} \equiv c_1$$

$$\overline{F_b C} = \sqrt{\left(-\frac{32}{5} + 2\right)^2 + \left(-\frac{14}{5} - 6\right)^2} = \sqrt{\left(\frac{22}{5}\right)^2 + \left(\frac{44}{5}\right)^2} = \frac{22}{5}\sqrt{5} \equiv b_1$$

Damit sind die zur Errechnung von S nach Formel *(6a)* erforderlichen Größen bestimmt.

7. Berechnung von S_1 nach Formel *(6a)*:

$$S_1 = \frac{16\sqrt{5}}{6 \cdot 5}\left[\frac{22}{5}\sqrt{5}\sqrt{\frac{22^2+16^2}{5}} - \frac{7}{5}\sqrt{5}\sqrt{\frac{7^2+16^2}{5}} + \frac{16^2}{5}\, ln \frac{\frac{22}{5}\sqrt{5}+\sqrt{\frac{22^2+16^2}{5}}}{\frac{7}{5}\sqrt{5}+\sqrt{\frac{7^2+16^2}{5}}}\right]$$

$$S_1 = \frac{8}{3\sqrt{5}}\left[\frac{44}{5}\sqrt{185} - \frac{7}{5}\sqrt{305} + \frac{256}{5}\, ln \frac{22+2\sqrt{185}}{7+\sqrt{305}}\right]$$

$$S_1 = 1{,}19253\left[119{,}68 - 14{,}444 + 51{,}2 \cdot ln \frac{22{,}00224}{10{,}938512}\right]$$

$$S_1 = 167{,}809979528$$

Dreieck 2:

1. Gleichung der Seite $\overline{BC}$:

$$\frac{y-0}{x-2} = \frac{0-6}{2+2} \quad \text{daraus: } y = -\frac{3}{2}x + 3$$

2. Richtung der Höhe h_a:

$$m_h = +\frac{2}{3}$$

3. Gleichung der Höhe h_a:

$$y = \frac{2}{3}x - 6$$

4. Fußpunkt F_a der Höhe h_a:

$$\frac{4}{6}x + \frac{9}{6}x = 3 + 6; \quad \frac{13}{6}x = 9; \quad x = \frac{54}{13} = 4\frac{2}{13}$$

$$y = \frac{36}{13} - 6 = \frac{42}{13} = -3\frac{3}{13}.$$

5. Länge der Höhe h_a:

$$h_a = \sqrt{\left(\frac{54}{13}\right)^2 + \left(-\frac{42}{13}+6\right)^2} = \sqrt{\frac{54^2+36^2}{13^2}} = \frac{18}{13}\sqrt{13} \equiv a_2$$

6. Länge der Strecken $\overline{F_a B}$ und $\overline{F_a C}$:

$$\overline{F_a B} = \sqrt{\left(\frac{54}{13}-2\right)^2 + \left(-\frac{42}{13}\right)^2} = \sqrt{\frac{28^2+42^2}{13^2}} = \frac{14}{13}\sqrt{13} \equiv c_2$$

$$\overline{F_a C} = \sqrt{\left(\frac{54}{13}+2\right)^2 + \left(-\frac{42}{13}-6\right)^2} = \sqrt{\frac{80^2+120^2}{13^2}} = \frac{40}{13}\sqrt{13} \equiv b_2$$

7. Errechnung von S_2 nach Formel *(6a)*:

$$S_2 = \frac{18\sqrt{13}}{6\cdot 13}\left[\frac{40}{13}\sqrt{13}\sqrt{\frac{40^2+18^2}{13}} - \frac{14}{13}\sqrt{13}\sqrt{\frac{14^2+18^2}{13}} + \frac{18^2}{13}\ln\frac{\frac{40}{\sqrt{13}}+\sqrt{\frac{40^2+18^2}{13}}}{\frac{14}{\sqrt{13}}+\sqrt{\frac{14^2+18^2}{13}}}\right]$$

$$S_2 = \frac{3}{\sqrt{13}}\left[\frac{80}{13}\sqrt{481} - \frac{28}{13}\sqrt{130} + \frac{18^2}{13}\ln\frac{17{,}178428676}{7{,}045668676}\right]$$

$$S_2 = 107{,}0247436164$$

Da im Dreieck 3 die drei erforderlichen Stücke a, b und c durch die gegebenen Koordinaten der Punkte bekannt sind, kann S_3 ohne weitere Zwischenrechnung nach Formel *(6 b)* bestimmt werden.

Es ist $a = 6$; $b = 5$; $c = 2$

$$S_3 = \frac{6}{6}\left[5\sqrt{25+36} + 2\sqrt{4+36} + 36\ln\frac{5+\sqrt{25+36}}{-2+\sqrt{4+36}}\right]$$

$$S_3 = \left[5\sqrt{61} + 2\sqrt{40} + 36\ln\frac{12{,}8102475}{4{,}3245575}\right] = 90{,}865398556$$

Dann ist: $S = S_1 + S_2 - S_3 = 183{,}969324588$

und die Fläche des Dreiecks ABC $\left(\frac{1}{2}\text{ Grundlinie mal Höhe}\right)$ ist:

$$F = \frac{1}{2} \cdot 7 \cdot 6 = 21 \quad \text{somit also:}$$

$$E = \frac{S}{F} = \frac{183{,}969324588}{21} = 8{,}760444028$$

An diesem Beispiel soll beiläufig gezeigt werden, daß die mittlere Entfernung nicht identisch ist mit der Entfernung zum Schwerpunkt, wenn sie auch besonders bei großem Abstand zwischen P und der Figur nicht sehr viel davon abweicht. Das hat seinen Grund im folgenden. Für den Grenzfall, also wenn der Abstand des Punktes P gegenüber der endlichen Fläche F unendlich groß ist, bzw. die Fläche F gegenüber dem endlichen Abstand von P unendlich klein, ist das Dreieck so zusammengeschrumpft, daß es keine Fläche mehr besitzt und durch den Schwerpunkt repräsentiert wird, zu dem es von P aus nur eine Entfernung gibt, die also gleichzeitig die mittlere Entfernung ist.

Am größten ist die Abweichung, wenn P auf dem Schwerpunkt selbst liegt, also z. B. im Kreismittelpunkt. Dann ist die Entfernung von P zum Schwerpunkt Null und die mittlere Entfernung nach Formel *(10)* $E = \frac{2}{3} r$.

In dem oben vorgeführten Beispiel errechnet sich die Entfernung von P zum Schwerpunkt des Dreiecks, der als S in Abb. 24 eingezeichnet ist, als 8,107. Sie ist also kleiner als die mittlere Entfernung, die als rein skalare Größe ohne jede festgelegte Richtung, von P aus in jede Richtung angetragen, d. h. als Radius eines Kreises um P genommen werden kann. Von diesem Kreis interessiert natürlich nur das Bogenstück, das durch die Fläche geht (Abb. 24). Alle auf diesem Bogenstück gelegenen Dreieckspunkte haben als Entfernung von P gerade E, alle außerhalb des Bogens gelegenen Dreieckspunkte haben eine größere, alle innerhalb des Bogens gelegenen Punkte eine kleinere Entfernung von P, als die mittlere Entfernung beträgt.

3. Das GRUNERT*sche Beispiel*

Im nachfolgenden soll nun das von J. A. GRUNERT (B 1, 80—95) angeführte Beispiel nach unserer Methode durchgerechnet und im Anschluß daran eine Formel entwickelt werden, die es gestattet, für jedes Dreieck bei beliebiger Lage des Punktes P die mittlere Entfernung zu berechnen, wenn das Dreieck und die Lage von P nur durch geometrische Größen gegeben sind, also entweder durch Seiten und Winkel oder nur durch die Seiten.

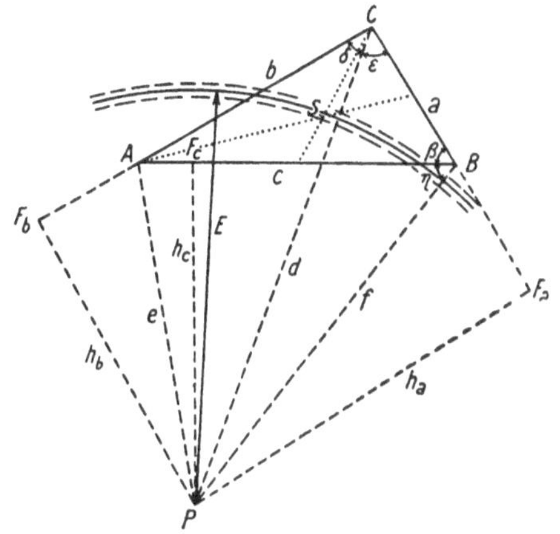

Abb. 25.

In dem GRUNERTschen Beispiel sind gegeben:

$$\overline{BC} \equiv a = 6{,}77; \quad \overline{AC} \equiv b = 11{,}72; \quad \overline{AB} \equiv c = 13{,}75;$$
$$\overline{PA} \equiv e = 14{,}50; \quad \overline{PC} \equiv f = 18{,}23.$$

Mit diesen Größen ist zwar die Figur noch nicht eindeutig bestimmt, jedoch läßt die seinem Buch beigefügte Skizze keinen Zweifel darüber, welcher von den beiden möglichen Fällen gemeint ist. Es könnte nämlich das Dreieck ABC auch um die Seite $\overline{AB}$ herumgeklappt sein, so daß C unterhalb von $\overline{AB}$ liegt. Um diese Doppeldeutigkeit auszuschalten, müßte mindestens noch d gegeben sein. Da das Dreieck aber so liegen soll, wie es Abb. 25 zeigt, so können sämtliche noch fehlenden Seiten und Winkel errechnet werden.

Die Lösung dieser Aufgabe erfordert die Kenntnis folgender Strecken:

$$1.\ h_b;\ \overline{F_b A};\ \overline{F_b C}, \quad 2.\ h_a;\ \overline{F_a B};\ \overline{F_a C}, \quad 3.\ h_c;\ \overline{F_c A};\ \overline{F_c B},$$

die sich folgendermaßen bestimmen lassen:

$$1.\ h_b = d \cdot \sin\delta; \quad \overline{F_b C} = d \cdot \cos\delta; \quad \overline{F_b A} = d \cdot \cos\delta - b$$
$$2.\ h_a = d \cdot \sin\varepsilon; \quad \overline{F_a C} = d \cdot \cos\varepsilon; \quad \overline{F_a B} = d \cdot \cos\varepsilon - a$$
$$3.\ h_c = f \cdot \sin\eta; \quad \overline{F_c B} = f \cdot \cos\eta; \quad \overline{F_c A} = c - f \cdot \cos\eta$$

Dazu sind aber die Größen d, δ, ε und η erforderlich, die erst mit Hilfe des Cosinus-Satzes aus den gegebenen Stücken errechnet werden müssen.

$$\cos\eta = \frac{c^2+f^2-e^2}{2\,cf}; \quad \eta = 58^0 38',3; \quad \cos\beta = \frac{a^2+c^2-b^2}{2\,ac}; \quad \beta = 58^0 24',6$$

$$d = \sqrt{a^2+f^2-2af\cos(\eta+\beta)} = 21{,}51; \quad \cos\delta = \frac{b^2+d^2-e^2}{2\,bd}; \quad \delta = 39^0 21',5$$

$$\cos\varepsilon = \frac{a^2+d^2-f^2}{2\,ad}; \quad \varepsilon = 52^0 45',35$$

Damit sind alle Größen ermittelt, die zum Einsetzen in die Formeln *(6c)* und *(6d)* benötigt werden. Da d, e, f bekannt sind, haben diese Formeln folgendes Aussehen:

$$(21a) \quad S_1 = \frac{h_b}{6}\left[\overline{F_bC}\cdot d - \overline{F_bA}\cdot e + h_b^2\cdot ln\,\frac{\overline{F_bC}+d}{\overline{F_bA}+e}\right] = 937{,}41$$

$$(21b) \quad S_2 = \frac{h_a}{6}\left[\overline{F_aC}\cdot d - \overline{F_aB}\cdot f + h_a^2\cdot ln\,\frac{\overline{F_aC}+d}{\overline{F_aB}+f}\right] = 762{,}17$$

$$(21c) \quad S_3 = \frac{h_c}{6}\left[\overline{F_cB}\cdot f + \overline{F_cA}\cdot e + h_c^2\cdot ln\,\frac{\overline{F_cB}+f}{\overline{F_cA}+e}\right] = 1011{,}6$$

Daraus: $S = S_1 + S_2 - S_3 = 687{,}98$

Die Dreiecksfläche ist: $F = \frac{1}{2}\,ac\cdot\sin\beta = 39{,}647$

somit: $E = \frac{S}{F} = \frac{687{,}98}{39{,}647} = 17{,}3525$

Damit haben wir auf einfache Art und Weise den genauen Wert der mittleren Entfernung für dieses Beispiel erhalten, den Grunert durch zwei verschiedene Formeln einmal als 17,09 und einmal als 17,48 nur annähernd ermittelt. In Abb. 25 sind diese drei Werte als Kreise eingetragen, um einen Vergleich zu haben über den Genauigkeitsgrad der Grunertschen Lösung.

V. ABSCHNITT

Allgemeine Formel der mittleren Entfernung eines durch geometrische Beziehungen gegebenen Dreiecks bei beliebiger Lage des Punktes *P*

1. Dreieck und Punkt P durch Dreiecksseiten, Verbindungsstrecken zu P und Winkel gegeben

Will man auf Grund dieses Beispiels zu einer allgemein gültigen Formel kommen, in die man die gegebenen Stücke nur einzusetzen hat, so müssen von vornherein zwei Fälle unterschieden werden, ob nämlich das Lot von P auf die betreffende Dreiecksseite innerhalb oder außerhalb des Dreiecks auftrifft. Demgemäß gilt für den ersten der beiden Fälle stets das untere, für den zweiten Fall das obere Zeichen der nachfolgenden Formeln.

Im Dreieck $1 = \triangle PCA$ bestehen die Beziehungen:

$h_b = d \cdot \sin\delta$; $\overline{F_b C} = d \cdot \cos\delta$; $\overline{F_b A} = \pm(d \cdot \cos\delta - b)$, die in die obige Gleichung *(21 a)* für S_1 eingesetzt ergeben:

$$S_1 = \frac{1}{6} d \cdot \sin\delta \left[d^2 \cdot \cos\delta \mp e \cdot \{\pm (d \cdot \cos\delta - b)\} + d^2 \cdot \sin^2\delta \cdot ln \frac{d \cdot \cos\delta + d}{\pm\{\pm(d \cdot \cos\delta - b)\} + e}\right]$$

$$S_1 = \frac{1}{6} d \cdot \sin\delta \left[d^2 \cdot \cos\delta - e \cdot (d \cdot \cos\delta - b) + d^2 \cdot \sin^2\delta \cdot ln \frac{d \cdot \cos\delta + d}{d \cdot \cos\delta - b + e}\right]$$

$$(22a)\quad S_1 = \frac{1}{6} d \cdot \sin\delta \left[d \cdot \cos\delta\,(d - e) + eb + d^2 \cdot \sin^2\delta \cdot ln \frac{d \cdot \cos\delta + d}{d \cdot \cos\delta - b + e}\right]$$

Im Dreieck $2 = \triangle PBC$ ist:

$$h_a = d \cdot \sin \varepsilon; \quad \overline{F_a C} = d \cdot \cos \varepsilon; \quad \overline{F_a B} = \pm (d \cdot \cos \varepsilon - a)$$

in die Gleichung (21 b) für S_2 eingesetzt:

$$S_2 = \frac{1}{6} d \cdot \sin \varepsilon \left[d^2 \cdot \cos \varepsilon \mp f \{ \pm (d \cdot \cos \varepsilon - a) \} + d^2 \cdot \sin^2 \varepsilon \cdot ln \frac{d \cdot \cos \varepsilon + d}{\pm \{ \pm (d \cdot \cos \varepsilon - a) \} + f} \right]$$

$$(22b) \quad S_2 = \frac{1}{6} d \cdot \sin \varepsilon \left[d \cdot \cos \varepsilon (d - f) + a \cdot f + d^2 \cdot \sin^2 \varepsilon \cdot ln \frac{d \cdot \cos \varepsilon + d}{d \cdot \cos \varepsilon - a + f} \right]$$

Im Dreieck $3 = \triangle PBA$ ist:

$$h_c = f \cdot \sin \eta; \quad \overline{F_c B} = f \cdot \cos \eta; \quad \overline{F_c A} = \pm (f \cdot \cos \eta - e)$$

in die Gleichung (21 c) für S_3 eingesetzt:

$$S_3 = \frac{1}{6} f \cdot \sin \eta \left[f^2 \cdot \cos \eta \mp e \{ \pm (f \cdot \cos \eta - c) \} + f^2 \cdot \sin^2 \eta \cdot ln \frac{f \cdot \cos \eta + f}{\pm \{ \pm (f \cdot \cos \eta - c) \} + e} \right]$$

$$(22c) \quad S_3 = \frac{1}{6} f \cdot \sin \eta \left[f \cdot \cos \eta (f - e) + ec - f^2 \cdot \sin^2 \eta \cdot ln \frac{f \cdot \cos \eta + f}{f \cdot \cos \eta - c + e} \right]$$

Die Errechnung von S erfolgt sinngemäß nach den Formeln *(19)*. Die Dreiecksfläche bestimmt sich als:

$$(22d) \qquad F = \frac{1}{2} ab \cdot \sin (\delta + \varepsilon)$$

Nach Formel *(4)* errechnet sich dann die mittlere Entfernung des Dreiecks, wie wir wissen, durch Division $E = \frac{S}{F}$.

Diese Formeln *(22)* können wir anwenden, wenn uns folgende Stücke des Dreiecks gegeben sind: $a, b, c, d, e, f, \delta, \varepsilon, \eta$.

2. *Dreieck und Punkt P nur durch Dreiecksseiten und Verbindungsstrecken zu P gegeben*

Sind, wie in unserem Beispiel, nur die Strecken und keine Winkel bekannt, so müssen die Formeln *(22)* noch folgende Umformungen erfahren:

Es ist nach dem Cosinus-Satz:

$$\cos\delta = \frac{b^2 + d^2 - e^2}{2\,bd}; \quad \sin\delta = \frac{\sqrt{4\,b^2 d^2 - (b^2 + d^2 - e^2)^2}}{2\,bd}$$

$$\cos\varepsilon = \frac{a^2 + d^2 - f^2}{2\,ad}; \quad \sin\varepsilon = \frac{\sqrt{4\,a^2 d^2 - (a^2 + d^2 - f^2)^2}}{2\,ad}$$

$$\cos\eta = \frac{c^2 + f^2 - e^2}{2\,cf}; \quad \sin\eta = \frac{\sqrt{4\,c^2 f^2 - (c^2 + f^2 - e^2)^2}}{2\,cf}$$

Diese Werte in die Formeln *(22)* eingesetzt:

$$S_1 = \frac{1}{6}\,\frac{\sqrt{4\,b^2 d^2 - (b^2 + d^2 - e^2)^2}}{2\,b}\left[\frac{b^2 + d^2 - e^2}{2\,b}(d - e) + e \cdot b\right.$$
$$\left. + \frac{4\,b^2 d^2 - (b^2 + d^2 - e^2)^2}{4\,b^2} \cdot ln\,\frac{\dfrac{b^2 + d^2 - e^2}{2\,b} + d}{\dfrac{b^2 + d^2 - e^2}{2\,b} - b + e}\right]$$

$$S_1 = \frac{\sqrt{4\,b^2 d^2 - (b^2 + d^2 - e^2)^2}}{48\,b^3}\Big[2\,b\,(d - e)\,(b^2 + d^2 - e^2) + 4\,eb^3$$
$$+ \{4\,b^2 d^2 - (b^2 + d^2 - e^2)^2\} \cdot ln\,\frac{b^2 + d^2 - e^2 + 2\,bd}{d^2 - e^2 - b^2 + 2\,be}\Big]$$

$$(23a)\quad S_1 = \frac{\sqrt{4\,b^2 d^2 - (b^2 + d^2 - e^2)^2}}{48\,b^3}\Big[2\,b\,(d - e)\,(b^2 + d^2 - e^2) + 4\,eb^3$$
$$+ \{4\,b^2 d^2 - (b^2 + d^2 - e^2)^2\} \cdot ln\,\frac{(d + b)^2 - e^2}{d^2 - (b - e)^2}\Big]$$

Ebenso:

$$S_2 = \frac{1}{6}\,\frac{\sqrt{4\,a^2 d^2 - (a^2 + d^2 - f^2)^2}}{2\,a}\left[\frac{a^2 + d^2 - f^2}{2\,a}(d - f) + af\right.$$
$$\left. + \frac{4\,a^2 d^2 - (a^2 + d^2 - f^2)^2}{4\,a^2} \cdot ln\,\frac{\dfrac{a^2 + d^2 - f^2}{2a} + d}{\dfrac{a^2 + d^2 - f^2}{2\,a} - a + f}\right]$$

$$(23b)\quad S_2 = \frac{\sqrt{4a^2d^2 - (a^2 + d^2 - f^2)^2}}{48a^3}\Big[2a(d - f)(a^2 + d^2 - f^2) + 4fa^3 + \{4a^2d^2 - (a^2 + d^2 - f^2)^2\} \cdot ln\frac{(a + d)^2 - f^2}{d^2 - (a - f)^2}\Big]$$

Zuletzt:

$$S_3 = \frac{1}{6}\frac{\sqrt{4c^2f^2 - (c^2 + f^2 - e^2)^2}}{2c}\left[\frac{c^2 + f^2 - e^2}{2c}(f - e) + ec + \frac{4c^2f^2 - (c^2 + f^2 - e^2)^2}{4c^2} \cdot ln\frac{\frac{c^2 + f^2 - e^2}{2c} + f}{\frac{c^2 + f^2 - e^2}{2c} - c + e}\right]$$

$$(23c)\quad S_3 = \frac{\sqrt{4c^2f^2 - (c^2 + f^2 - e^2)^2}}{48c^3}\Big[2c(f - e)(c^2 + f^2 - e^2) + 4ec^3 + \{4c^2f^2 - (c^2 + f^2 - e^2)^2\} \cdot ln\frac{(c + f)^2 - e^2}{f^2 - (c - e)^2}\Big]$$

Weiter ist: $\delta + \varepsilon = \gamma$ und:

$$\cos\gamma = \frac{a^2 + b^2 - c^2}{2ab}; \qquad \sin\gamma = \frac{\sqrt{4a^2b^2 - (a^2 + b^2 - c^2)^2}}{2ab}$$

dann ist:

$$(23d)\quad F = \frac{1}{2}ab\frac{\sqrt{4a^2b^2 - (a^2 + b^2 - c^2)^2}}{2ab} = \frac{1}{4}\sqrt{4a^2b^2 - (a^2 + b^2 - c^2)^2}$$

Durch sinngemäße Verrechnung der Teilsummen S_1, S_2 und S_3 ermittelt sich nach den Formeln *(19)* die Entfernungssumme S, die durch die Fläche F dividiert die mittlere Entfernung E ergibt.

Diese Formeln *(23)* können angewandt werden, wenn das Dreieck und der Punkt P allein durch die Strecken a, b, c, d, e, f gegeben sind.

VI. ABSCHNITT

Allgemeine Formel zur Errechnung der mittleren Entfernung einer durch analytische Beziehungen gegebenen Fläche bei beliebiger Lage des Punktes P

1. Dreieck in beliebiger Lage zum Koordinatensystem

Ist die Figur nicht durch geometrische Beziehungen, sondern durch die Koordinaten seiner Eckpunkte, ebenso P durch seine Koordinaten bekannt, so wurde für diesen Fall der Gang der Rechnung bereits an einem Beispiel durchgeführt. Es kann jedoch der Einwand erhoben werden, daß dies nur für eine besondere Lage des Dreiecks gilt, wenn nämlich eine Dreiecksseite gerade zufällig auf der x-Achse liegt und das Lot von P auf diese Seite die y-Achse bildet.

Aus diesem Grunde soll nun eine Formel entwickelt werden, die es erlaubt, die mittlere Entfernung für jedes beliebige n-Eck in willkürlicher Lage zum Koordinatensystem zu bestimmen, wobei auch der Punkt P frei gewählt werden kann.

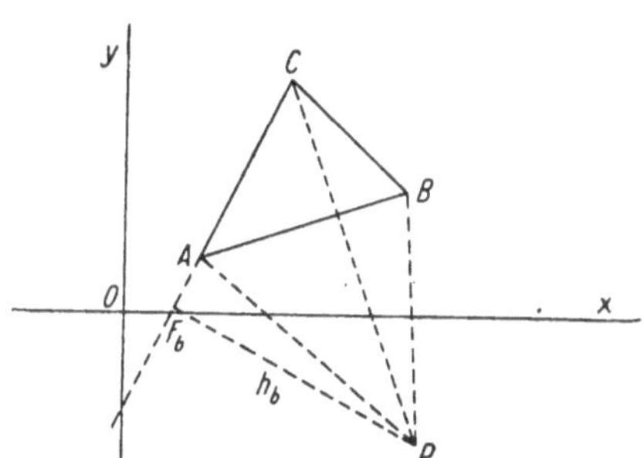

Abb. 26.

Es sei ein Dreieck durch die Koordinaten seiner Eckpunkte gegeben:

$A\ (x_1;\ y_1)$; $B\ (x_2;\ y_2)$; $C\ (x_3;\ y_3)$; außerdem: $P\ (x_4;\ y_4)$

Der Gang der Lösung ist derselbe wie bei dem in Abschnitt IV, 2 durchgeführten Beispiel:

1. Gleichung der Seite $\overline{AC}$:

$$\frac{y-y_1}{x-x_1}=\frac{y_1-y_3}{x_1-x_3} \quad \text{daraus: } y=\frac{y_1-y_3}{x_1-x_3}x-\frac{y_1-y_3}{x_1-x_3}x_1+y_1$$

2. Steigung der Höhe h_b: $m_{h_b}=-\dfrac{x_1-x_3}{y_1-y_3}$

3. Gleichung der Höhe h_b:

$$\frac{y-y_4}{x-x_4}=-\frac{x_1-x_3}{y_1-y_3} \quad \text{daraus: } y=-\frac{x_1-x_3}{y_1-y_3}x+\frac{x_1-x_3}{y_1-y_3}x_4+y_4$$

4. Fußpunkt F_b der Höhe h_b:

$$\left(\frac{y_1-y_3}{x_1-x_3}+\frac{x_1-x_3}{y_1-y_3}\right)x=\frac{x_1-x_3}{y_1-y_3}x_4+\frac{y_1-y_3}{x_1-x_3}x_1+y_4-y_1$$

$$x=\frac{(x_1-x_3)^2x_4+(y_1-y_3)^2x_1+(y_4-y_1)(x_1-x_3)(y_1-y_3)}{(y_1-y_3)^2+(x_1-x_3)^2}$$

Diesen Wert für x in die Gleichung 1. eingesetzt:

$$y=\frac{y_1-y_3}{x_1-x_3}\cdot\frac{(x_1-x_3)^2x_4+(y_1-y_3)^2x_1+(y_4-y_1)(x_1-x_3)(y_1-y_3)}{(y_1-y_3)^2+(x_1-x_3)^2}-\frac{(y_1-y_3)x_1-y_1(x_1-x_3)}{x_1-x_3}$$

$$y=\frac{(y_1-y_3)(x_1-x_3)^2x_4+(y_1-y_3)^3x_1+(y_4-y_1)(x_1-x_3)(y_1-y_3)^2}{(x_1-x_3)[(y_1-y_3)^2+(x_1-x_3)^2]}$$
$$\frac{-x_1(y_1-y_3)^3-x_1(x_1-x_3)^2(y_1-y_3)+y_1(x_1-x_3)(y_1-y_3)^2+y_1(x_1-x_3)^3}{(x_1-x_3)[(y_1-y_3)^2+(x_1-x_3)^2]}$$

$$y=\frac{(x_1-x_3)^2(y_1-y_3)(x_4-x_1)+(x_1-x_3)(y_1-y_3)^2(y_4-y_1+y_1)+y_1(x_1-x_3)^3}{(x_1-x_3)[(y_1-y_3)^2+(x_1-x_3)^2]}$$

$$y=\frac{y_4(y_1-y_3)^2+(x_1-x_3)(y_1-y_3)(x_4-x_1)+y_1(x_1-x_3)^2}{(y_1-y_3)^2+(x_1-x_3)^2}$$

5. Strecke $\overline{F_b A}$:

$$\overline{F_b A} = \sqrt{\frac{[x_4 (x_1 - x_3)^2 + (x_1 - x_3)(y_1 - y_3)(y_4 - y_1) + x_1 (y_1 - y_3)^2 \ldots}{[(y_1 - y_3)^2 + (x_1 - x_3)^2]^2}}$$

$$\ldots \frac{- x_1 (y_1 - y_3)^2 - x_1 (x_1 - x_3)^2]^2 + [y_4 (y_1 - y_3)^2 \ldots}{[(y_1 - y_3)^2 + (x_1 - x_3)^2]^2}$$

$$\ldots \frac{+ (x_1 - x_3)(y_1 - y_3)(x_4 - x_1) + y_1 (x_1 - x_3)^2 - y_1 (y_1 - y_3)^2 - y_1 (x_1 - x_3)^2]^2}{[(y_1 - y_3)^2 + (x_1 - x_3)^2]^2}$$

$$\overline{F_b A} = \frac{\sqrt{[(x_1 - x_3)^2 (x_4 - x_1) + (x_1 - x_3)(y_1 - y_3)(y_4 - y_1)]^2} \ldots}{(y_1 - y_3)^2 + (x_1 - x_3)^2}$$

$$\ldots \frac{+ [(y_1 - y_3)^2 (y_4 - y_1) + (x_1 - x_3)(y_1 - y_3)(x_4 - x_1)]^2}{(y_1 - y_3)^2 + (x_1 - x_3)^2}$$

$$\overline{F_b A} = \frac{\sqrt{[(x_1 - x_3)(x_4 - x_1) + (y_1 - y_3)(y_4 - y_1)]^2 \cdot [(x_1 - x_3)^2 + (y_1 - y_3)^2]}}{(x_1 - x_3)^2 + (y_1 - y_3)^2}$$

$$(24\,a) \quad \overline{F_b A} = \frac{(x_1 - x_3)(x_4 - x_1) + (y_1 - y_3)(y_4 - y_1)}{\sqrt{(x_1 - x_3)^2 + (y_1 - y_3)^2}}$$

Um auch für $\overline{F_b C}$ eine symmetrisch aufgebaute Formel zu erhalten, muß dieselbe Rechnung mit einer kleinen Änderung noch einmal durchgeführt werden, indem bei der Aufstellung der Gleichung für die Seite $\overline{AC}$ der Punkt C $(x_3;\ y_3)$ in der Zweipunktformel vorangestellt wird.

Dann ist:

1. Gleichung der Seite $\overline{AC}$:

$$\frac{y - y_3}{x - x_3} = \frac{y_3 - y_1}{x_3 - x_1} = \frac{y_1 - y_3}{x_1 - x_3}; \quad y = \frac{y_1 - y_3}{x_1 - x_3}\, x - \frac{y_1 - y_3}{x_1 - x_3}\, x_3 + y_3$$

2. Steigung der Höhe h_b: $m_{h_b} = -\dfrac{x_1 - x_3}{y_1 - y_3}$

3. Gleichung der Höhe h_b:

$$\frac{y - y_4}{x - x_4} = -\frac{x_1 - x_3}{y_1 - y_3}; \quad y = -\frac{x_1 - x_3}{y_1 - y_3}\, x + \frac{x_1 - x_3}{y_1 - y_3}\, x_4 + y_4$$

4. Fußpunkt F_b der Höhe h_b:

$$x = \frac{(x_1 - x_3)^2\, x_4 + (y_4 - y_3)\,(x_1 - x_3)\,(y_1 - y_3) + (y_1 - y_3)^2\, x_3}{(y_1 - y_3)^2 + (x_1 - x_3)^2}$$

$$y = \frac{y_4\,(y_1 - y_3)^2 + (x_1 - x_3)\,(y_1 - y_3)\,(x_4 - x_3) + y_3\,(x_1 - x_3)^2}{(y_1 - y_3)^2 + (x_1 - x_3)^2}$$

5. Daraus nunmehr die Strecke $\overline{F_b C}$:

$$\overline{F_b C} = \sqrt{\frac{[x_4\,(x_1 - x_3)^2 + (x_1 - x_3)\,(y_1 - y_3)\,(y_4 - y_3) + x_3\,(y_1 - y_3)^2}{[(y_1 - y_3)^2 + (x_1 - x_3)^2]^2}\cdots}$$

$$\cdots\frac{- x_3\,(y_1 - y_3)^2 - x_3\,(x_1 - x_3)^2]^2 + [y_4\,(y_1 - y_3)^2}{[(y_1 - y_3)^2 + (x_1 - x_3)^2]^2}\cdots$$

$$\cdots\frac{+ (x_1 - x_3)\,(y_1 - y_3)\,(x_4 - x_3) + y_3\,(x_1 - x_3)^2 - y_3\,(y_1 - y_3)^2 - y_3\,(x_1 - x_3)^2]^2}{[(y_1 - y_3)^2 + (x_1 - x_3)^2]^2}$$

$$\overline{F_b C} = \frac{\sqrt{[(x_1 - x_3)^2\,(x_4 - x_3) + (x_1 - x_3)\,(y_1 - y_3)\,(y_4 - y_3)]^2}\cdots}{(y_1 - y_3)^2 + (x_1 - x_3)^2}\cdots$$

$$\cdots\frac{+ [(y_1 - y_3)^2\,(y_4 - y_3) + (x_1 - x_3)\cdot(y_1 - y_3)\,(x_4 - x_3)]^2}{(y_1 - y_3)^2 + (x_1 - x_3)^2}$$

$$\overline{F_b C} = \frac{\sqrt{(x_1 - x_3)^2\,[(x_1 - x_3)\,(x_4 - x_3) + (y_1 - y_3)\,(y_4 - y_3)]^2}\cdots}{(x_1 - x_3)^2 + (y_1 - y_3)^2}\cdots$$

$$\cdots\frac{+ (y_1 - y_3)^2\,[(y_1 - y_3)\,(y_4 - y_3) + (x_1 - x_3)\,(x_4 - x_3)]^2}{(x_1 - x_3)^2 + (y_1 - y_3)^2}$$

$$\overline{F_b C} = \frac{[(x_1 - x_3)\,(x_4 - x_3) + (y_1 - y_3)\,(y_4 - y_3)]\,\sqrt{(x_1 - x_3)^2 + (y_1 - y_3)^2}}{(x_1 - x_3)^2 + (y_1 - y_3)^2}$$

$$(24\,b)\quad \overline{F_b C} = \frac{(x_1 - x_3)\,(x_4 - x_3) + (y_1 - y_3)\,(y_4 - y_3)}{\sqrt{(x_1 - x_3)^2 + (y_1 - y_3)^2}}$$

Als dritte erforderliche Strecke die Länge der Höhe h_b:

$$h_b = \sqrt{\frac{[x_4\,(x_1 - x_3)^2 + (x_1 - x_3)\,(y_1 - y_3)\,(y_4 - y_1) + x_1\,(y_1 - y_3)^2}{[(x_1 - x_3)^2 + (y_1 - y_3)^2]^2}\cdots}$$

$$\cdots\frac{- x_4\,(x_1 - x_3)^2 - x_4\,(y_1 - y_3)^2]^2 + [y_4\,(y_1 - y_3)^2 + (x_1 - x_3)}{[(x_1 - x_3)^2 + (y_1 - y_3)^2]^2}\cdots$$

$$\cdots\frac{\cdot\,(y_1 - y_3)(x_4 - x_1) + y_1\,(x_1 - x_3)^2 - y_4\,(x_1 - x_3)^2 - y_4\,(y_1 - y_3)^2]^2}{[(x_1 - x_3)^2 + (y_1 - y_3)^2]^2}$$

$$h_b = \frac{\sqrt{[(y_1 - y_3)^2 (x_1 - x_4) + (x_1 - x_3)(y_1 - y_3)(y_4 - y_1)]^2}}{(x_1 - x_3)^2 + (y_1 - y_3)^2} \cdots$$

$$\cdots \frac{+ [(x_1 - x_3)^2 (y_1 - y_4) + (x_1 - x_3)(y_1 - y_3)(x_4 - x_1)]^2}{(x_1 - x_3)^2 + (y_1 - y_3)^2}$$

$$h_b = \frac{\sqrt{(y_1 - y_3)^2 [(x_1 - x_4)(y_1 - y_3) + (x_1 - x_3)(y_4 - y_1)]^2}}{(x_1 - x_3)^2 + (y_1 - y_3)^2} \cdots$$

$$\cdots \frac{+ (x_1 - x_3)^2 [(x_4 - x_1)(y_1 - y_3) + (x_1 - x_3)(y_1 - y_4)]^2}{(x_1 - x_3)^2 + (y_1 - y_3)^2}$$

Um die beiden Klammern gleichlautend zu machen, formt man die zweite Klammer des zweiten Summanden dadurch um, daß man aus je einer Klammer ein Minuszeichen herausnimmt und dieses ausklammert:

$$[(x_4 - x_1)(y_1 - y_3) + (x_1 - x_3)(y_1 - y_4)]^2$$
$$= [-\{(x_1 - x_4)(y_1 - y_3) + (x_1 - x_3)(y_4 - y_1)\}]^2$$

Das Quadrat einer negativen Zahl ist aber ebenso groß wie das Quadrat einer positiven Zahl, also: $(-a)^2 = (+a)^2 = a^2$

Deshalb:

$$[(x_4 - x_1)(y_1 - y_3) + (x_1 - x_3)(y_1 - y_4)]^2$$
$$= [(x_1 - x_4)(y_1 - y_3) + (x_1 - x_3)(y_4 - y_1)^2]$$

somit also:

$$h_b = \frac{\sqrt{[(x_1 - x_4)(y_1 - y_3) + (x_1 - x_3)(y_4 - y_1)]^2 [(x_1 - x_3)^2 + (y_1 - y_3)]^2}}{(x_1 - x_3)^2 + (y_1 - y_3)^2}$$

$$(24\,c)\quad h_b = \frac{(x_1 - x_4)(y_1 - y_3) + (x_1 - x_3)(y_4 - y_1)}{\sqrt{(x_1 - x_3)^2 + (y_1 - y_3)^2}}$$

Geht man den zweiten Weg, so erhält man für h_b:

$$h_b = \frac{(x_3 - x_4)(y_1 - y_3) + (x_1 - x_3)(y_4 - y_3)}{\sqrt{(x_1 - x_3)^2 + (y_1 - y_3)^2}},$$

was jedoch ganz genau dasselbe ist, da die beiden Glieder $x_3 y_3$ sich hier ebenso subtrahieren wie in *(24 c)* die beiden Glieder $x_1 y_1$.

Auf ganz analoge Weise erhält man $\overline{F_a B}$ $\overline{F_a C}$ und h_a im Dreieck PBC. Es kommen wieder die Punkte C $(x_3; y_3)$ und P $(x_4; y_4)$

vor, nur an die Stelle von A $(x_1; y_1)$ tritt jetzt B $(x_2; y_2)$. Die drei gesuchten Größen ergeben sich durch Substitution von x_2 für x_1 und von y_2 für y_1.

Somit ist:

$$(25a)\quad \overline{F_a B} = \frac{(x_2 - x_3)(x_4 - x_2) + (y_2 - y_3)(y_4 - y_2)}{\sqrt{(x_2 - x_3)^2 + (y_2 - y_3)^2}}$$

$$(25b)\quad \overline{F_a C} = \frac{(x_2 - x_3)(x_4 - x_3) + (y_2 - y_3)(y_4 - y_3)}{\sqrt{(x_2 - x_3)^2 + (y_2 - y_3)^2}}$$

$$(25c)\quad h_a = \frac{(x^2 - x_4)(y_2 - y_3) + (x_2 - x_3)(y_4 - y_2)}{\sqrt{(x_2 - x_3)^2 + (y_2 - y_3)^2}}$$

Ebenso kann man die Gleichungen für $\overline{F_c B}$, $\overline{F_c A}$ und h_c ohne weiteres dadurch erhalten, daß in die obigen Gleichungen *(25)* an Stelle der Koordinaten des Punktes C $(x_3; y_3)$ die Koordinaten des Punktes A (x_1, y_1) eingesetzt werden. Dann ist:

$$(26a)\quad \overline{F_c B} = \frac{(x_2 - x_1)(x_4 - x_2) + (y_2 - y_1)(y_4 - y_2)}{\sqrt{(x_2 - x_1)^2 + (y_2 - y_1)^2}}$$

$$(26b)\quad \overline{F_c A} = \frac{(x_2 - x_1)(x_4 - x_1) + (y_2 - y_1)(y_4 - y_1)}{\sqrt{(x_2 - x_1)^2 + (y_2 - y_1)^2}}$$

$$(26c)\quad h_c = \frac{(x_2 - x_4)(y_2 - y_1) + (x_2 - x_1)(y_4 - y_2)}{\sqrt{(x_2 - x_1)^2 + (y_2 - y_1)^2}}$$

Außerdem ist es sehr zweckmäßig, die Strecken $\overline{PA}$, $\overline{PB}$ und $\overline{PC}$ zu bestimmen, da hierdurch eine sehr wesentliche Vereinfachung bei der Errechnung der Entfernungssumme eintritt [vgl. *(6 c)*].

Es ist:

$$(27a)\quad \overline{PA} = \sqrt{(x_1 - x_4)^2 + (y_1 - y_4)^2}$$

$$(27b)\quad \overline{PB} = \sqrt{(x_2 - x_4)^2 + (y_2 - y_4)^2}$$

$$(27c)\quad \overline{PC} = \sqrt{(x_3 - x_4)^2 + (y_3 - y_4)^2}$$

Mit Hilfe dieser Formeln *(24)*, *(25)*, *(26)* und *(27)* lassen sich alle diejenigen Stücke, die zur Errechnung der Entfernungssumme erforderlich sind, bestimmen und diese gefundenen Werte in die Formel *(28)* einsetzen, was sich für die Praxis wohl am meisten empfehlen wird.

$$(28a)\quad S_1=\frac{1}{6}\,h_b\left[\overline{F_bC}\cdot\overline{PC}\mp\overline{F_bA}\cdot\overline{PA}+h_b^2\cdot ln\frac{\overline{F_bC}+\overline{PC}}{\pm\overline{F_bA}+\overline{PA}}\right]$$

$$(28b)\quad S_2=\frac{1}{6}\,h_a\left[\overline{F_aC}\cdot\overline{PC}\mp\overline{F_aB}\cdot\overline{PB}+h_a^2\cdot ln\frac{\overline{F_aC}+\overline{PC}}{\pm\overline{F_aB}+\overline{PB}}\right]$$

$$(28c)\quad S_3=\frac{1}{6}\,h_c\left[\overline{F_cB}\cdot\overline{PB}\mp\overline{F_cA}\cdot\overline{PA}+h_c^2\cdot ln\frac{\overline{F_cB}+\overline{PB}}{\pm\overline{F_cA}+\overline{PA}}\right]$$

Hierbei haben wieder die oberen Zeichen Gültigkeit, wenn der Fußpunkt der Höhe außerhalb, die unteren Zeichen, wenn er innerhalb der Dreiecksseite liegt.

Soll aber eine Formel für die Entfernungssummen der einzelnen Teildreiecke aufgestellt werden, in die die Koordinaten der jeweiligen Eckpunkte nur eingesetzt zu werden brauchen, so hat sie folgendes Aussehen:

$$S_1=\frac{(x_1-x_4)(y_1-y_3)+(x_1-x_3)(y_4-y_1)}{6\sqrt{(x_1-x_3)^2+(y_1-y_3)^2}}$$

$$\Bigg[\frac{(x_1-x_3)(x_4-x_3)+\quad+(y_1-y_3)(y_4-y_3)}{\sqrt{(x_1-x_3)^2+(y_1-y_3)^2}}\cdot\sqrt{(x_3-x_4)^2+(y_3-y_4)^2}$$

$$\mp\frac{(x_1-x_3)(x_4-x_1)+(y_1-y_3)(y_4-y_1)}{\sqrt{(x_1-x_3)^2+(y_1-y_3)^2}}\cdot\sqrt{(x_1-x_4)^2+(y_1-y_4)^2}$$

$$+\frac{[(x_1-x_4)(y_1-y_3)+(x_1-x_3)(y_4-y_1)]^2}{(x_1-x_3)^2+(y_1-y_3)^2}$$

$$\cdot ln\frac{\dfrac{(x_1-x_3)(x_4-x_3)+(y_1-y_3)(y_4-y_3)}{\sqrt{(x_1-x_3)^2+(y_1-y_3)^2}}+\sqrt{(x_3-x_4)^2+(y_3-y_4)^2}}{\pm\dfrac{(x_1-x_3)(x_4-x_1)+(y_1-y_3)(y_4-y_1)}{\sqrt{(x_1-x_3)^2+(y_1-y_3)^2}}+\sqrt{(x_1-x_4)^2+(y_1-y_4)^2}}\Bigg]$$

$$(29a)\quad S_1=\frac{1}{6}\,\frac{(x_1-x_4)(y_1-y_3)+(x_1-x_3)(y_4-y_1)}{(x_1-x_3)^2+(y_1-y_3)^2}\Big[\{(x_1-x_3)(x_4-x_3)$$

$$+(y_1-y_3)(y_4-y_3)\}\cdot\sqrt{(x_3-x_4)^2+(y_3-y_4)^2}$$

$$\mp\{(x_1-x_3)(x_4-x_1)+(y_1-y_3)(y_4-y_1)\}\sqrt{(x_1-x_4)^2+(y_1-x_4)^2}$$

$$+\frac{[(x_1-x_4)(y_1-y_3)+(x_1-x_3)(y_4-y_1)]^2}{\sqrt{(x_1-x_3)^2+(y_1-y_3)^2}}$$

$$\cdot\, ln\frac{(x_1-x_3)(x_4-x_3)+(y_1-y_3)(y_4-y_3)}{\pm(x_1-x_3)(x_4-x_1)\pm(y_1-y_3)(y_4-y_1)}$$

$$\left.\frac{+\sqrt{[(x_3-x_4)^2+(y_3-y_4)^2]\cdot[(x_1-x_3)^2+(y_1-y_3)^2]}}{+\sqrt{[(x_1-x_4)^2+(y_1-y_4)^2]\cdot[(x_1-x_3)^2+(y_1-y_3)^2]}}\right]$$

Ebenso:

$$(29\,b)\quad S_2=\frac{1}{6}\frac{(x_2-x_4)(y_2-y_3)+(x_2-x_3)(y_4-y_2)}{(x_2-x_3)^2+(y_2-y_3)^2}\Big[\{(x_2-x_3)(x_4-x_3)$$

$$+(y_2-y_3)(y_4-y_3)\}\sqrt{(x_3-x_4)^2+(y_3-y_4)^2}\mp\{(x_2-x_3)(x_4-x_2)$$

$$+(y_2-y_3)(y_4-y_2)\}\sqrt{(x_2-x_4)^2+(y_2-y_4)^2}$$

$$+\frac{[(x_2-x_4)(y_2-y_3)+(x_2-x_3)(y_4-y_2)]^2}{\sqrt{(x_2-x_3)^2+(y_2-y_3)^2}}$$

$$\cdot\, ln\frac{(x_2-x_3)(x_4-x_3)+(y_2-y_3)(y_4-y_3)}{\pm(x_2-x_3)(x_4-x_2)\pm(y_2-y_3)(y_4-y_2)}$$

$$\left.\frac{+\sqrt{[(x_3-x_4)^2+(y_3-y_4)^2]\cdot[(x_2-x_3)^2+(y_2-y_3)^2]}}{+\sqrt{[(x_2-x_4)^2+(y_2-y_4)^2]\cdot[(x_2-x_3)^2+(y_2-y_3)^2]}}\right]$$

$$(29\,c)\quad S_3=\frac{1}{6}\frac{(x_2-x_4)(y_2-y_1)+(x_2-x_1)(y_4-y_2)}{(x_2-x_1)^2+(y_2-y_1)^2}\Big[\{(x_2-x_1)(x_4-x_2)$$

$$+(y_2-y_1)(y_4-y_2)\}\sqrt{(x_2-x_4)^2+(y_2-y_4)^2}\mp\{(x_2-x_1)(x_4-x_1)$$

$$+(y_2-y_1)(y_4-y_1)\}\sqrt{(x_1-x_4)^2+(y_1-y_4)^2}$$

$$+\frac{[(x_2-x_4)(y_2-y_1)+(x_2-x_1)(y_4-y_2)]^2}{\sqrt{(x_2-x_1)^2+(y_2-y_1)^2}}$$

$$\cdot\, ln\frac{(x_2-x_1)(x_4-x_2)+(y_2-y_1)(y_4-y_2)}{\pm(x_2-x_1)(x_4-x_1)\pm(y_2-y_1)(y_4-y_1)}$$

$$\left.\frac{+\sqrt{[(x_2-x_4)^2+(y_2-y_4)^2]\cdot[(x_2-x_1)^2+(y_2-y_1)^2]}}{+\sqrt{[(x_1-x_4)^2+(y_1-y_4)^2]\cdot[(x_2-x_1)^2+(y_2-y_1)^2]}}\right]$$

Die Gesamtsumme S erhält man durch sinngemäße Verrechnung von S_1, S_2 und S_3 nach den Formeln *(19)*. In unserem als Skizze (Abb. 26) gegebenen Beispiel wäre: $S = S_1 + S_2 - S_3$

Um die mittlere Entfernung errechnen zu können, muß nun noch die Fläche des Dreiecks ABC bestimmt werden, wofür die analytische Geometrie folgende bekannte Formel aufgestellt hat:

$$F = \frac{1}{2}\left[x_1(y_2 - y_3) + x_2(y_3 - y_1) + x_3(y_1 - y_2)\right]$$

Oder in Determinantenform geschrieben:

$$(30) \qquad F = \frac{1}{2}\begin{vmatrix} x_1 & y_1 & 1 \\ x_2 & y_2 & 1 \\ x_3 & y_3 & 1 \end{vmatrix}$$

Es ist dann: $E = \frac{S}{F}$

2. Vieleck in allgemeiner Lage zum Koordinatensystem

Nach diesen für ein Dreieck in allgemeiner Lage und für einen beliebigen Punkt durchgeführten Betrachtungen, die bereits alles Wesentliche zeigen, können wir noch einen Schritt weitergehen.

Ist ein n-Eck durch die Koordinaten seiner Eckpunkte bekannt, dessen Lage zum Koordinatensystem ebenso wie die des Punktes P beliebig und frei wählbar ist, so teilt man von P aus das n-Eck in n Dreiecke auf und errechnet die zur Bestimmung der Entfernungssumme S erforderlichen Stücke durch Einsetzen der Koordinaten der Eckpunkte in die nachfolgenden Formeln:

Die Koordinaten der Eckpunkte des n-Ecks seien: $P_1(x_1; y_1)$; $P_2(x_2; y_2)$; $P_3(x_3; y_3)$ usw. $P_{n-1}(x_{n-1}; y_{n-1})$; $P_n(x_n; y_n)$, die des Punktes $P(x_p; y_p)$. Beginnt man die Berechnungen mit dem Dreieck P_1PP_2, dann ist die Länge der Höhe von P auf $\overline{P_1P_2}$

$$(31a) \qquad h_1 = \frac{(x_2 - x_p)(y_2 - y_1) + (x_2 - x_1)(y_p - y_2)}{\sqrt{(x_2 - x_1)^2 + (y_2 - y_1)^2}}$$

die Länge der Strecke vom Fußpunkt der Höhe zum Eckpunkt P_1:

$$(31b) \qquad \overline{F_1P_1} = \frac{(x_2 - x_1)(x_p - x_1) + (y_2 - y_1)(y_p - y_1)}{\sqrt{(x_2 - x_1)^2 + (y_2 - y_1)^2}}$$

und die Länge der Strecke vom Fußpunkt der Höhe zum Eckpunkt P_2:

$$(31\,c)\quad \overline{F_1P_2} = \frac{(x_2-x_1)(x_p-x_2)+(y_2-y_1)(y_p-y_2)}{\sqrt{(x_2-x_1)^2+(y_2-y_1)^2}}$$

außerdem die Strecken:

$$(31\,d)\quad \overline{PP_1} = \sqrt{(x_1-y_p)^2+(y_1-y_p)^2} \text{ und } \overline{PP_2} = \sqrt{(x_2-x_p)^2+(y_2-y_p)^2}$$

Die mit Hilfe dieser Formeln errechneten Werte in die Summenformel *(28 c)* eingesetzt, ergibt S_1, die auch direkt nach einer der Formel *(29 c)* analogen Gleichung ermittelt werden kann.

$$(32)\quad S_1 = \frac{1}{6}\,\frac{(x_2-x_p)(y_2-y_1)+(x_2-x_1)(y_p-y_2)}{(x_2-x_1)^2+(y_2-y_1)^2}\Big[\{(x_2-x_1)+(x_p-x_2)$$

$$+(y_2-y_1)(y_p-y_2)\}\sqrt{(x_2-x_p)^2+(y_2-y_p)^2} \mp \{(x_2-x_1)(x_p-x_1)$$

$$+(y_p-y_1)(y_p-y_1)\}\sqrt{(x_1-x_p)^2+(y_1-y_p)^2}\,\cdot$$

$$+\frac{[(x_2-x_p)(y_2-y_1)+(x_2-x_1)(y_p-y_2)]^2}{\sqrt{(x_2-x_1)^2+(y_2-y_1)^2}}$$

$$\cdot ln\frac{(x_2-x_1)(x_p-x_2)+(y_2-y_1)(y_p-y_2)}{\pm(x_2-x_1)(x_p-x_1)\pm(y_2-y_1)(y_p-y_1)}$$

$$\frac{+\sqrt{[(x_2-x_p)^2+(y_2-y_p)^2]\cdot[(x_2-x_1)^2+(y_2-y_1)^2]}}{+\sqrt{[(x_1-x_p)^2+(y_1-y_p)^2]\cdot[(x_2-x_1)^2+(y_2-y_1)^2]}}\Bigg]$$

Geht man nun zum zweiten Dreieck P_2PP_3 über, so sind P_2 und P auch hierin zwei Eckpunkte, nur an Stelle von P_1 tritt jetzt P_3 mit den Koordinaten $(x_3; y_3)$. Es lassen sich also die Formeln *(31)* und *(32)* ohne weiteres benutzen, wenn man überall x_3 für x_1 und y_3 für y_1 einsetzt und berücksichtigt, daß die Entfernungssumme S stets absolut genommen werden muß.

Im folgenden Dreieck P_3PP_4 tritt der Punkt P_4 neu auf, während P_2 verschwindet. Man wechselt jetzt also von $(x_2; y_2)$ auf $(x_4; y_4)$ über, im nächsten Dreieck P_4PP_5, dann von $P_3\,(x_3; y_3)$ auf $P_5\,(x_5; y_5)$ usw. bis von $P_{n-2}\,(x_{n-2}; y_{n-2})$ auf $P_n\,(x_n; y_n)$ und endlich von $P_{n-1}\,(x_{n-1}; y_{n-1})$ auf $P_1\,(x_1; y_1)$. Damit ist das n-Eck geschlossen und die Summe der Entfernungen für jedes Teildreieck ermittelt. Die sinngemäße Verrechnung ergibt dann die Gesamtsumme der Entfernungen, wozu man allerdings einer kleinen Skizze bedarf, um feststellen zu können, wo die einzelnen Punkte liegen.

In Abb. 27 sei als Beispiel ein Sechseck angeführt. Für die dabei gewählte Lage der Eckpunkte und des Punktes P würde sich die Entfernungssumme S folgendermaßen bestimmen lassen:

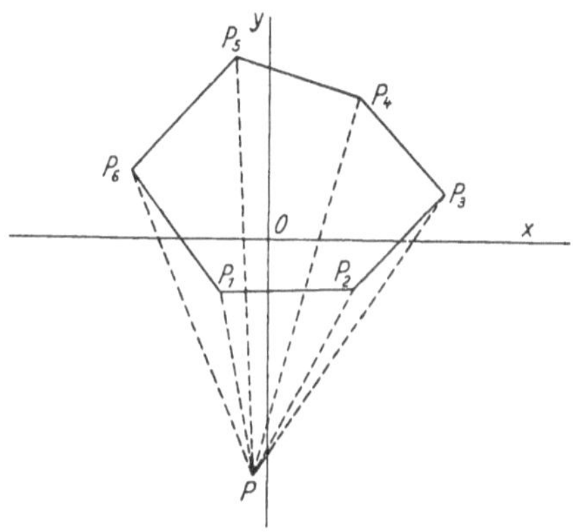

Abb. 27.

$$S = S_3 + S_4 + S_5 - S_1 - S_2 - S_6,$$

$$\begin{aligned} \text{wenn } \triangle\, 1 &= P_1 P P_2 \\ \triangle\, 2 &= P_2 P P_3 \\ \triangle\, 3 &= P_3 P P_4 \\ \triangle\, 4 &= P_4 P P_5 \\ \triangle\, 5 &= P_5 P P_6 \\ \triangle\, 6 &= P_6 P P_1 \end{aligned}$$

Die so ermittelte Gesamtsumme der Entfernungen muß nun durch die Fläche des n-Ecks dividiert werden, um die mittlere Entfernung zu erhalten.

Die Fläche eines n-Ecks errechnet sich auf Grund einer Formel der analytischen Geometrie:

$$(33) \quad 2F = x_1(y_2 - y_n) + x_2(y_3 - y_1) + x_3(y_4 - y_2) + \ldots \\ + x_{n-1}(y_n - y_{n-2}) + x_n(y_1 - y_{n-1})$$

3. Beliebig gradlinig begrenzte Fläche in allgemeiner Lage

Damit ist es nun möglich, die mittlere Entfernung jeder beliebigen gradlinig begrenzten Fläche zu ermitteln, deren Eckpunkte durch ihre Koordinaten angegeben sind oder die durch ihre geometrischen Beziehungen bekannt ist. Es ist dabei keinesfalls erforderlich, daß die

Winkelsumme des n-Ecks $(n - 2) \cdot 2R = (n - 2) \cdot 180^0$ beträgt, d. h. die Fläche kann ebenso, wie es ja in der Praxis meist der Fall ist, Ecken und Einbuchtungen nach innen haben, wie Abb. 28 zeigt.

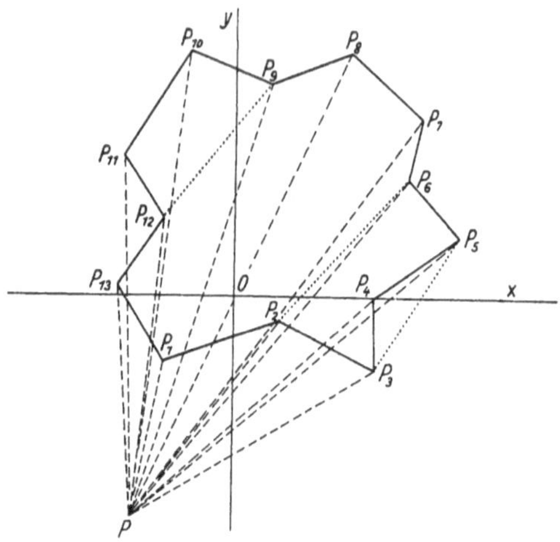

Abb. 28.

Mit etwas Geschicklichkeit teilt man diese Figur in solche Flächen auf, die keine Einbuchtungen haben. In unserem Beispiel (Abb. 28) etwa durch Verbinden von P_2 mit P_6, P_3 mit P_5 und P_9 mit P_{12}. Hierdurch entstehen dann folgende Teilflächen:

Das 8-Eck: $P_1\ P_2\ P_6\ P_7\ P_8\ P_9\ P_{12}\ P_{13}$
das 4-Eck: $P_2\ P_3\ P_5\ P_6$
das 4-Eck: $P_9\ P_{10}\ P_{11}\ P_{12}$
und das 3-Eck: $P_3\ P_4\ P_5$,

die durch Verbinden der Eckpunkte mit dem Punkt P in der bereits bekannten Weise in Teildreiecke zerlegt und für die mit Hilfe unserer Formeln *(31)* und *(32)* die jeweiligen Entfernungssummen ermittelt werden können. Aus diesen kann man die Summe der Entfernungen für die vier Teilflächen errechnen. Addiert man dann die drei Entfernungssummen: $S_{8\text{-Eck}} + S_{4\text{-Eck}} + S_{4\text{-Eck}}$ und subtrahiert davon $S_{3\text{-Eck}}$, so erhält man die Gesamtsumme der Entfernungen für die gegebene Figur, deren Fläche sich ohne Rücksicht auf Einbuchtungen nach Formel *(33)* bestimmt. Die mittlere Entfernung dieser Figur von dem Punkt P ergibt sich nach Formel *(4)*: $E = \frac{S}{F}$

VII. ABSCHNITT

Vollständige Lösung des Problems durch die Entwicklung eines neuen Weges über die Doppelintegration

1. Die mittlere Entfernung des Kreises bei beliebiger Lage des Punktes P

Als einzige nicht gradlinig begrenzte Figur wurde bereits der Kreis in unsere bisherigen Berechnungen aufgenommen, allerdings mit der Einschränkung, daß P im Mittelpunkt des Kreises liegen soll. Wie ändert sich die mittlere Entfernung, wenn P irgendwo außerhalb des Mittelpunktes liegt? Die Beantwortung dieser Frage erfordert nicht nur umfangreiche Überlegungen, sondern auch die Entwicklung eines neuen Weges, der, wie wir sehen werden, zugleich die beiden anderen Methoden erklärt und beweist.

In der Hoffnung einer möglichen Vereinfachung wird man vielleicht als erstes versucht sein, P auf den Kreisumfang zu legen. Dies ist in Abb. 29 geschehen. Zunächst soll nun die Summe der Entfernungen von P zu jedem Punkt des Kreisumfanges bestimmt werden. Man kann sofort erkennen, daß die Entfernungen von P zu irgendeinem Punkt des Umfangs gerade gleich der Sehne zwischen diesen beiden Kreispunkten ist.

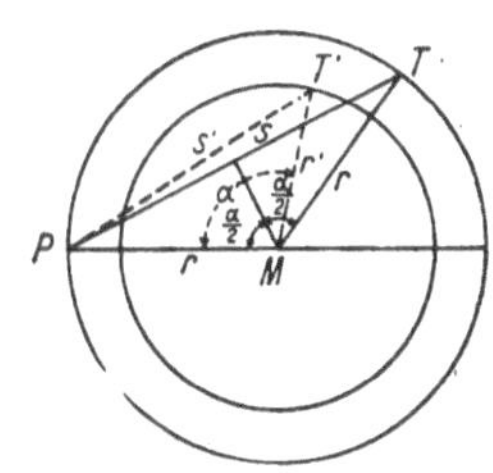

Abb. 29.

$$\text{(34)} \quad \text{Es ist: } \sin\frac{\alpha}{2} = \frac{\frac{s}{2}}{r} \quad \text{daraus: } s = 2r \cdot \sin\frac{\alpha}{2}$$

Die Summe aller dieser Sehnen erhält man durch Integration, wenn α die Veränderliche ist und von 0 bis 360° läuft, was im Bogenmaß ausgedrückt von 0 bis 2π bedeutet.

$$S = \int_0^{2\pi} 2r^2 \sin\frac{\alpha}{2} \cdot d\alpha = 2r^2 \int_0^{2\pi} \sin\frac{\alpha}{2} \cdot d\alpha = 4r^2 \int_0^{2\pi} \frac{1}{2} \sin\frac{\alpha}{2} \cdot d\alpha$$

$$= 4r^2 \left[-\cos\frac{\alpha}{2}\right]_0^{2\pi} = 4r^2(-\cos\pi + \cos 0) = 4r^2 \cdot 2 = 8r^2$$

Durch eine kleine Zwischenrechnung läßt sich leicht die mittlere Entfernung von P zum Kreisumfang bestimmen:

$$E = \frac{8r^2}{2\pi r} = \frac{4r}{\pi} = 1{,}2732\,r$$

Damit haben wir gleichzeitig die obere Grenze für E, wenn r' von 0 bis r wächst, festgelegt. Die untere Grenze liegt bei $r = 0$, denn dann besteht der Kreis nur aus dem Mittelpunkt, zu dem nur eine Entfernung, nämlich der Radius r, führt, der auch gleichzeitig die mittlere Entfernung sein muß. Also $E = r$ ist die untere Grenze. Zwischen diesen beiden Grenzen muß die mittlere Entfernung des Kreises liegen, wenn P auf den Kreisumfang gelegt ist. Soviel läßt sich jetzt bereits sagen.

Zieht man konzentrische Kreise und ermittelt dann die Entfernung von P zu den jeweiligen Kreisumfängen, so wird die ganze Kreisfläche erfaßt, wenn die konzentrischen Kreise genügend dicht liegen. Für den ersten konzentrischen Nachbarkreis liegt jedoch der Punkt P nicht mehr auf dem Kreisumfang. Damit ist die Entfernung von P zu irgendeinem Punkt des neuen Kreisumfangs auch keine Sehne mehr, sondern muß nach dem Cosinus-Satz errechnet werden.

$$(35) \qquad s' = \sqrt{r^2 + r'^2 - 2rr'\cos\alpha'}$$

Eine kurze Überlegung zeigt uns, daß die Formel *(34)* nur ein Sonderfall von Formel *(35)* ist. Wird nämlich $r = r'$, dann ist: $s' = \sqrt{2r^2 - 2r^2 \cdot \cos\alpha} = r\sqrt{2(1 - \cos\alpha)}$. Nach den Regeln der Trigonometrie ist aber:

$$1 - \cos\alpha = 2 \cdot \sin^2\frac{\alpha}{2}; \quad \text{deshalb } s' = r\sqrt{4 \cdot \sin^2\frac{\alpha}{2}} = 2r \cdot \sin\frac{\alpha}{2}$$

Wollte man hier nun versuchen, die alte Methode anzuwenden und eine Pyramide zu konstruieren, deren Rauminhalt uns die Summe aller Entfernungen angibt, so würde man folgenden Körper erhalten. Aus der Abb. 30 können wir erkennen, daß es sich um einen Körper handelt, der oben in einer Schneide $\overline{AD}$ ausläuft und deren Verbindungslinien zur Grundfläche nach innen gekrümmt sind. Der Rauminhalt eines solchen Körpers läßt sich nicht elementar berechnen.

Folgender Weg führt jedoch zum Ziel. Die Formel *(35)* ermöglicht es, bei einem fest gegebenen r für ein angenommenes r' und irgendeinen Winkel α die Strecke s' zu bestimmen. Ändert sich nun α

von 0 bis π, d. h. betrachtet man α als variabel und zieht das Integral $\int \sqrt{r^2 + r'^2 - 2rr' \cos\alpha} \cdot d\alpha$ mit den Grenzen 0 und π, so erhält man die Summe der Entfernungen von P zum halben Umfang des Kreises

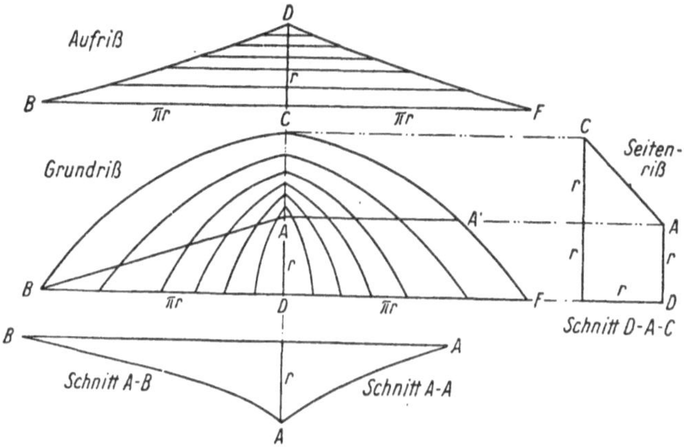

Abb. 30.

mit dem angenommenen Radius r'. Es genügt, die mittlere Entfernung für einen der beiden Halbkreise, die durch die Linie PM bestimmt sind, zu ermitteln, da sie für den andern Halbkreis genau so groß ist.

Um nun die ganze Fläche des Halbkreises zu erfassen, müßte sich auch r' ändern, und zwar von 0 bis r. Zieht man also nochmals das Integral von dieser Funktion für die Variable r' mit den Grenzen 0 und r, so müßte sich dadurch die Gesamtsumme aller Entfernungen von P zu jedem Punkt des gegebenen Kreises ergeben.

Somit:

$$S = \int_0^{\pi} \int_0^{r} r \sqrt{r^2 + r'^2 - 2rr' \cos\alpha} \cdot d\alpha \cdot dr'$$

Da diese Formel nur unter den anfangs gemachten Voraussetzungen gilt, daß nämlich P auf dem Kreisumfang liegt und diese Sonderlage vorläufig keine besondere Vereinfachung bringt, so wollen wir uns jetzt davon lösen und die Aufgabe allgemein fassen.

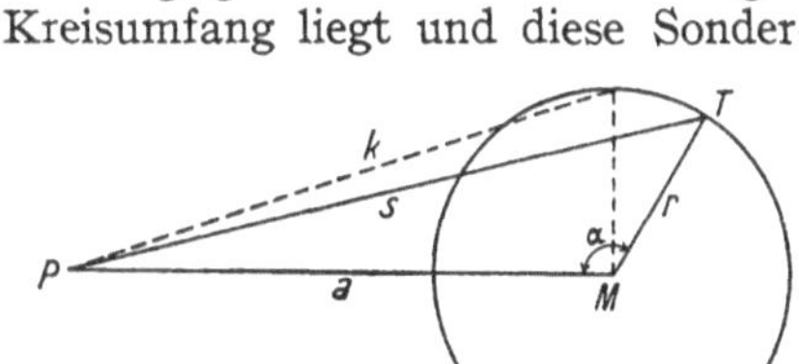

Abb. 31.

Es sei der Abstand des Punktes P vom Mittelpunkt des Kreises $= a$ und der Radius des Kreises $= r$ gegeben.

Dann ist:

$$(36)\quad S = \int_0^{\pi}\int_0^{r} r\sqrt{a^2 + r^2 - 2\,ar\cdot\cos\alpha}\cdot d\alpha\cdot dr$$

Es ist bei der Lösung dieses Doppelintegrals gleichgültig, ob erst in bezug auf α oder erst in bezug auf r integriert wird, doch ist der erste Weg in diesem Falle vielleicht etwas angenehmer, soweit davon die Rede sein kann, denn leider läßt es sich nicht umgehen, die Wurzel in eine Binomialreihe zu zerlegen, die dann gliedweise integriert werden kann.

Zuerst: $r\int_0^{\pi}\sqrt{a^2 + r^2 - 2\,ar\cdot\cos\alpha}\cdot d\alpha$ Setzt man für $a^2 + r^2 \equiv k$ und

für $2\,ar \equiv l$, dann ist:

$$r\int_0^{\pi}\sqrt{k^2 + l\cdot\cos\alpha}\,d\alpha = r\int_0^{\pi}(k^2 - l\cdot\cos\alpha)^{\frac{1}{2}}\cdot d\alpha = rk\int_0^{\pi}\left(1 - \frac{l}{k^2}\cos\alpha\right)\frac{1}{2}\cdot d\alpha$$

In eine Binomialreihe aufgelöst ist, wenn $\frac{l}{k^2} \equiv m$

$$(1 - m\cos\alpha)^{\frac{1}{2}} = 1 - \binom{\frac{1}{2}}{1} m\cos\alpha + \binom{\frac{1}{2}}{2} m^2\cdot\cos^2\alpha - \binom{\frac{1}{2}}{3} m^3\cdot\cos^3\alpha \pm$$

$$\ldots\,(-1)^{n-1}\binom{\frac{1}{2}}{n} m^n\cdot\cos^n\alpha + R_n = 1 - \frac{1}{2}\,m\cos\alpha - \frac{1\cdot 1}{2\cdot 4}\,m^2\cos^2\alpha$$

$$-\frac{1\cdot 1\cdot 3}{2\cdot 4\cdot 6}\,m^3\cdot\cos^3\alpha - \ldots - \frac{1\cdot 1\cdot 3\cdot 5\ldots\ldots\cdot(2n-3)}{2\cdot 4\cdot 6\cdot 8\ldots\ldots\cdot 2n}\,m^n\cdot\cos^n\alpha + R_n$$

Jede Binomialreihe konvergiert für $|x| < 1$, d. h. in unserem Falle $m\cdot|\cos\alpha| < 1$; $\frac{l}{k^2}\,|\cos\alpha| < 1$; $|l\cdot\cos\alpha| < k^2$, was aus der für alle Werte von α gültigen Beziehung: $a^2 + r^2 - 2\,ar\cdot\cos\alpha > 0$ folgt. Die Reihe konvergiert also für jeden Wert von s größer oder kleiner als Null. Die gliedweise integrierte Reihe ist dann für denselben Bereich konvergent.

Somit ist:

$$\int_0^\pi \sqrt{1-m\cos\alpha}\cdot d\alpha = \int_0^\pi d\alpha - \frac{1}{2}m\int_0^\pi \cos\alpha\cdot d\alpha - \frac{1\cdot 1}{2\cdot 4}m^2\int_0^\pi \cos^2\alpha\cdot d\alpha$$

$$-\frac{1\cdot 1\cdot 3}{2\cdot 4\cdot 6}m^3\int_0^\pi \cos^3\alpha\cdot d\alpha - \ldots\ldots$$

$$-\frac{1\cdot 1\cdot 3\cdot 5\cdot \ldots\ldots \cdot(2n-3)}{2\cdot 4\cdot 6\cdot 8\cdot \ldots\ldots \cdot 2n}m^n\int_0^\pi \cos^n\alpha\cdot d\alpha - \ldots\ldots$$

kurz:

$$\int_0^\pi \sqrt{1-m\cos\alpha}\cdot d\alpha = \sum_{n=0}^{\infty}\left[(-1)^n\binom{\frac{1}{2}}{n}m^n\int_0^\pi \cos^n\alpha\cdot d\alpha\right]$$

Stellt n eine ungerade Zahl dar, also $n = 2\nu - 1$, so ergibt sich für das Integral:

$$\int_0^\pi \cos^{2\ \ -1}\alpha\cdot d\alpha = 0{,}2$$

Für ein gerades n, also $n = 2\nu$ ist:

$$\int_0^\pi \cos^{2\nu}\alpha\cdot d\alpha = \frac{1\cdot 3\cdot 5\ldots\cdot(2\nu-1)}{2\cdot 4\cdot 6\ \ldots\cdot 2\nu}\pi,$$

kurz: $\int_0^\pi \cos^{2\nu}\alpha\cdot d\alpha = (-1)^\nu\binom{-\frac{1}{2}}{\nu}\pi$, wo ν läuft von 0 bis ∞

somit:

$$rk\int_0^\pi \sqrt{1-m\cdot\cos\alpha}\cdot d\alpha = \pi\, rk\left[1-\left(\frac{1}{2}\right)^2\cdot\frac{1}{4}m^2-\left(\frac{1\cdot 3}{2\cdot 4}\right)^2\cdot\frac{5}{6\cdot 8}m^4\right.$$

$$-\left(\frac{1\cdot 3\cdot 5}{2\cdot 4\cdot 6}\right)^2\cdot\frac{7\cdot 9}{8\cdot 10\cdot 12}m^6-\left(\frac{1\cdot 3\cdot 5\cdot 7}{2\cdot 4\cdot 6\cdot 8}\right)^2\frac{9\cdot 11\cdot 13}{10\cdot 12\cdot 14\cdot 16}m^8$$

$$-\left(\frac{1\cdot 3\cdot 5\cdot 7\cdot 9}{2\cdot 4\cdot 6\cdot 8\cdot 10}\right)^2\cdot\frac{11\cdot 13\cdot 15\cdot 17}{12\cdot 14\cdot 16\cdot 18\cdot 20}m^{10}\ \ldots\ldots\ldots$$

$$-\left(\frac{1\cdot 3\cdot 5\cdot 7\ldots\ldots(2\nu-1)}{2\cdot 4\cdot 6\cdot 8\ldots\ldots 2\nu}\right)^2\cdot\frac{(2\nu+1)(2\nu+3)\ldots\ldots(4\nu-3)}{(2\nu+2)(2\nu+4)\ldots\ldots 4\nu}m^{2\nu}-\ldots\ldots$$

wo $\nu = \frac{n}{2}$ und von 0 bis ∞ läuft, kurz:

$$rk\int_0^\pi \sqrt{1 - m \cdot \cos\alpha} \cdot d\alpha = \pi rk \sum_{\nu=0}^{\infty} \left[(-1)^\nu \binom{-\frac{1}{2}}{\nu} \cdot \binom{\frac{1}{2}}{2\nu} m^{2\nu} \right]$$

Zwischennachprüfung: Dieses Integral gibt die Summe der Entfernungen von P zum halben Kreisumfang an. Für $a = 0$ liegt P auf M, dafür wird $m = \frac{l}{k^2} = \frac{2\,ar}{a^2 + r^2} = \frac{0}{r^2} = 0$, somit werden alle Glieder der Klammer zu Null bis auf das erste Glied. Es ist also:
$S_u = \pi rk = \pi r\sqrt{a^2 + r^2} = \pi r^2$, da $a = 0$. Dasselbe Resultat aber erhält man auch einfach durch die Fläche des Rechtecks mit den Seiten πr und r, das auf Grund unserer ersten Methode dadurch gewonnen wurde, daß man in jedem Punkt des halben Kreisumfangs, die Entfernung zum Mittelpunkt, die stets gleich dem Radius r ist, als Senkrechte errichtet.

Ein zweiter bereits zu Beginn dieses Abschnitts auf andere Weise ermittelter Sonderfall ist die Summe der Entfernungen zum Umfang, wenn P selbst auf dem Kreisumfang liegt: $S_u = 8\,r^2$.

Bricht man die Reihe nach dem vierten Gliede ab, so müßte also für $a = r$ sein: $m = \frac{2\,r^2}{2\,r^2} = 1$ und somit gilt für den Halbkreis:

$$\pi r^2 \sqrt{2}\left(1 - \frac{1}{16} - \frac{45}{64 - 48} - \frac{225 \cdot 63}{64 \cdot 48 \cdot 60 \cdot 12} - R_4\right) = 4\,r^2, \text{ wobei } R_4$$

der Rest der Reihe nach dem vierten Glied ist.

$$R_4 - 1 - \frac{4}{\pi\sqrt{2}} - \frac{1}{16} - \frac{45}{64 \cdot 48} - \frac{225 \cdot 63}{64 \cdot 48 \cdot 60 \cdot 12} = 0{,}015993$$

Die Reihe kommt bereits nach dem vierten Glied der richtigen Lösung sehr nahe.

Um nun das zweite Integral lösen zu können, setzt man die Werte für m und k wieder in die Gleichung ein: $m = \frac{2\,ar}{a^2 + r^2}$ und $k = \sqrt{a^2 + r^2}$ und integriert wieder gliedweise. Es ist dann:

$$S = \pi\int_0^r r\sqrt{a^2+r^2} \cdot dr - \left(\frac{1}{2}\right)^2 \cdot \frac{1}{4} \cdot 2^2 a^2 \pi \int_0^r \frac{r^3\sqrt{a^2+r^2}}{(a^2+r^2)^2}\, dr - \left(\frac{1 \cdot 3}{2 \cdot 4}\right)^2 \cdot \frac{5}{6 \cdot 8}$$

$$\cdot 2^4 a^4 \pi \int_0^r \frac{r^5 \sqrt{a^2+r^2}}{(a^2+r^2)^4} \cdot dr - \left(\frac{1\cdot 3\cdot 5}{2\cdot 4\cdot 6}\right)^2 \frac{7\cdot 9}{8\cdot 10\cdot 12} \cdot 2^6 a^6 \pi \int_0^r \frac{r^7 \sqrt{a^2+r^2}}{(a^2+r^2)^6} dr -$$

$$\ldots - \left(\frac{1\cdot 3\cdot 5 \ldots (2\nu-1)}{2\cdot 4\cdot 6 \ldots 2\nu}\right)^2 \frac{(2\nu+1)\ldots(4\nu-3)}{(2\nu+2)\ldots 4\nu} 2^{2\nu} a^{2\nu} \cdot \int_0^r \frac{r^{2\nu+1}\sqrt{a^2+r^2}}{(a^2+r^2)^{2\nu}} dr - \ldots$$

$$S = \pi \int_0^r r\sqrt{a^2+r^2} \cdot dr - \frac{1}{4} a^2 \pi \int_0^r \frac{r^3 \cdot dr}{\sqrt{a^2+r^2}^3} - \left(\frac{1\cdot 3}{1\cdot 2}\right)^2 \cdot \frac{5}{6\cdot 8} a^4 \pi \int_0^r \frac{r^5 \cdot dr}{\sqrt{a^2+r^2}^7}$$

$$-\left(\frac{1\cdot 3\cdot 5}{1\cdot 2\cdot 3}\right)^2 \cdot \frac{7\cdot 9}{8\cdot 10\cdot 12} a^6 \pi \int_0^r \frac{r^7 \cdot dr}{\sqrt{a^2+r^2}^{11}} - \ldots - \left(\frac{1\cdot 3\cdot 5 \ldots (2\nu-1)}{1\cdot 2\cdot 3 \ldots \nu}\right)^2$$

$$\cdot \frac{(2\nu+1)(2\nu+3)\ldots(4\nu-3)}{(2\nu+2)(2\nu+4)\ldots 4\nu} 2^{2\nu} a^{2\nu} \pi \int_0^r \frac{r^{2\nu+1} dr}{\sqrt{a^2+r^2}^{4\nu-1}}$$

Man kann diese Integrale lösen, wenn man $a^2 + r^2 = \frac{1}{x^2}$ setzt.

Dann ist allgemein:

$$\int_0^r \frac{r^{2\nu+1} \cdot dr}{\sqrt{a^2+r^2}^{4\nu-1}} = -\frac{1}{(2\nu-3)\sqrt{a^2+r^2}^{2\nu-3}} + \frac{\binom{\nu}{1} a^2}{(2\nu-1)\sqrt{a^2+r^2}^{2\nu-1}}$$

$$-\frac{\binom{\nu}{2} a^4}{(2\nu+1)\sqrt{a^2+r^2}^{2\nu+1}} + \frac{\binom{\nu}{3} a^6}{(2\nu+3)\sqrt{a^2+r^2}^{2\nu+3}} \mp \ldots$$

$$\ldots (-1)^{z-1} \frac{\binom{\nu}{\nu} a^{2\nu}}{(4\nu-3)\sqrt{a^2+r^2}^{4\nu-3}} + \frac{1}{(2\nu-3) a^{2\nu-3}} - \frac{\binom{\nu}{1}}{(2\nu-1) a^{2\nu-3}}$$

$+\dfrac{\binom{\nu}{2}}{(2\nu+1) a^{2\nu-3}} \mp \ldots (-1)^z \dfrac{\binom{\nu}{\nu}}{(4\nu-3) a^{2\nu-3}}$, wo z der Zeiger des EULERschen Symbols oder kurz:

$$\int_0^r \frac{r^{2\nu+1}\cdot dr}{\sqrt{a^2+r^2}^{4\nu-1}} = \sum_{z=0}^{\nu}\left[(-1)^{z-1}\frac{\binom{\nu}{z}a^{2z}}{(2\nu-3+2z)\sqrt{a^2+r^2}^{2\nu-3+2z}} + (-1)^z\frac{\binom{\nu}{z}}{(2\nu-3+2z)\sqrt{a^2+r^2}^{2\nu-3}}\right]$$

Somit wird:

$$S=\pi\left[\frac{\sqrt{a^2+r^2}^3}{3}-\frac{a^3}{3}\right]-\frac{1}{4}\pi a^2\left[\sqrt{a^2+r^2}+\frac{a^2}{\sqrt{a^2+r^2}}-2a\right]-\left(\frac{1\cdot 3}{1\cdot 2}\right)^2$$

$$\frac{5}{6\cdot 8}\pi a^4\cdot\left[-\frac{1}{\sqrt{a^2+r^2}}+\frac{2a^2}{3\sqrt{a^2+r^2}^3}-\frac{a^4}{5\sqrt{a^2+r^2}^5}+\frac{1}{a}-\frac{2}{3a}+\frac{1}{5a}\right]$$

$$-\left(\frac{1\cdot 3\cdot 5}{1\cdot 2\cdot 3}\right)^2\frac{7\cdot 9}{8\cdot 10\cdot 12}\pi a^6\left[-\frac{1}{3\sqrt{a^2+r^2}^3}+\frac{3a^2}{5\sqrt{a^2+r^2}^5}-\frac{3a^4}{7\sqrt{a^2+r^2}^7}\right.$$

$$\left.+\frac{a^6}{9\sqrt{a^2+r^2}^9}+\frac{1}{3a^3}-\frac{3}{5a^3}+\frac{3}{7a^3}-\frac{1}{9a^3}\right]-\left(\frac{1\cdot 3\cdot 5\cdot 7}{1\cdot 2\cdot 3\cdot 4}\right)^2\frac{9\cdot 11\cdot 13}{10\cdot 12\cdot 14\cdot 16}$$

$$\cdot a^8\pi\left[-\frac{1}{5\sqrt{a^2+r^2}^5}+\frac{4a^2}{7\sqrt{a^2+r^2}^7}-\frac{6a^4}{9\sqrt{a^2+r^2}^9}+\frac{4a^6}{11\sqrt{a^2+r^2}^{11}}\right.$$

$$\left.-\frac{a^8}{13\sqrt{a^2+r^2}^{13}}+\frac{1}{5a^5}-\frac{4}{7a^5}+\frac{6}{9a^5}-\frac{4}{11a^5}+\frac{1}{13a^5}\right]-\ldots\ldots$$

$$-\left(\frac{1\cdot 3\cdot 5\ldots\cdot(2\nu-1)}{1\cdot 2\cdot 3\ldots\cdot\nu}\right)^2\cdot\frac{(2\nu+1)(2\nu+3)\ldots\ldots(4\nu-3)}{(2\nu+2)(2\nu+4)\ldots\ldots 4\nu}\pi a^{2\nu}$$

$$\left[-\frac{1}{(2\nu-3)\sqrt{a^2+r^2}^{2\nu-3}}+\frac{\binom{1}{\nu}a^2}{(2\nu-1)\sqrt{a^2+r^2}^{2\nu-1}}\mp\ldots\ldots\right.$$

$$(-1)^{z-1}\frac{\binom{\nu}{\nu}a^{2\nu}}{(4\nu-3)\sqrt{a^2+r^2}^{4\nu-3}}+\frac{1}{(2\nu-3)a^{2\nu-3}}-\frac{\binom{\nu}{1}}{(2\nu-1)a^{2\nu-3}}\mp\ldots\ldots\ldots$$

$$\left.\ldots(-1)^z\frac{\binom{\nu}{\nu}}{(4\nu-3)a^{2\nu-3}}\right]-\ldots\ldots$$

Dafür läßt sich auch schreiben:

$$S=\pi\sum_{\nu=0}^{\infty}\left[(-1)^{\nu}\binom{-\frac{1}{2}}{\nu}\binom{\frac{1}{2}}{2\nu}m^{2\nu}\cdot\sum_{z=0}^{\nu}\left\{(-1)^{z-1}\right.\right.$$

$$\left.\left.\frac{\binom{\nu}{z}a^{2z}}{(2\nu-3+2z)\sqrt{a^2+r^2}^{2\nu-3+2z}}+(-1)^z\frac{\binom{\nu}{z}}{(2\nu-3+2z)\sqrt{a^2+r^2}^{2\nu-3}}\right\}\right]$$

Die Fläche des Halbkreises ist: $F=\frac{\pi r^2}{2}$

Nach Formel *(4)* errechnet sich die mittlere Entfernung: $E=\frac{S}{F}$, somit:

$$(37\,a)\quad E=\frac{2}{r^2}\left[\frac{\sqrt{a^2+r^2}^3}{3}-\frac{a^3}{3}\right]-\frac{a^2}{2r^2}\left[\sqrt{a^2+r^2}+\frac{a^2}{\sqrt{a^2+r^2}}-2a\right]$$

$$-\left(\frac{1\cdot3}{1\cdot2}\right)^2\frac{5a^4}{3\cdot8r^2}\cdot\left[-\frac{1}{\sqrt{a^2+r^2}}+\frac{2a^2}{3\sqrt{a^2+r^2}^3}-\frac{a^4}{5\sqrt{a^2+r^2}^5}\right.$$

$$\left.+\frac{1}{a}-\frac{2}{3a}+\frac{1}{5a}\right]-\left(\frac{1\cdot3\cdot5}{1\cdot3\cdot5}\right)^2\frac{7\cdot9a^6}{4\cdot10\cdot12r^2}\cdot\left[-\frac{1}{3\sqrt{a^2+r^2}^3}\right.$$

$$+\frac{3a^2}{5\sqrt{a^2+r^2}^5}-\frac{3a^4}{7\sqrt{a^2+r^2}^7}+\frac{a^6}{9\sqrt{a^2+r^2}^9}+\frac{1}{3a^3}-\frac{3}{5a^3}+\frac{3}{7a^3}$$

$$\left.-\frac{1}{9a^3}\right]-\left(\frac{1\cdot3\cdot5\cdot7}{1\cdot2\cdot3\cdot4}\right)^2\frac{9\cdot11\cdot13a^8}{5\cdot12\cdot14\cdot16r^2}\left[-\frac{1}{5\sqrt{a^2+r^2}^5}\right.$$

$$+\frac{4a^2}{7\sqrt{a^2+r^2}^7}-\frac{6a^4}{9\sqrt{a^2+r^2}^9}+\frac{4a^6}{11\sqrt{a^2+r^2}^{11}}-\frac{a^8}{13\sqrt{a^2+r^2}^{13}}$$

$$\left.+\frac{1}{5a^5}-\frac{4}{7a^5}+\frac{6}{9a^5}-\frac{4}{11a^5}+\frac{1}{13a^5}\right]-\ldots\ldots-\left(\frac{1\cdot3\cdot5\ldots\cdot(2\nu-1)}{1\cdot2\cdot3\ldots\cdot\nu}\right)^2$$

$$\cdot\frac{(2\nu+1)(2\nu+3)\ldots\ldots\ldots(4\nu-3)}{(\nu+1)(2\nu+4)\ldots\ldots\ldots\ldots4\nu}\cdot\frac{a^{2\nu}}{r^2}\left[-\frac{1}{(2\nu-3)\sqrt{a^2+r^2}^{2\nu-3}}\right.$$

$$+\frac{\binom{\nu}{1}a^2}{(2\nu-1)\sqrt{a^2+r^2}^{2\nu-1}}-\frac{\binom{\nu}{2}a^4}{(2\nu+1)\sqrt{a^2+r^2}^{2\nu+1}}\pm\ldots.$$

$$(-1)^{z-1}\frac{\binom{\nu}{\nu}a^2}{(4\nu-3)\sqrt{a^2+r^2}^{4\nu-3}}+\frac{1}{(2\nu-3)a^{2\nu-3}}-\frac{\binom{\nu}{1}}{(2\nu-1)a^{2\nu-3}}$$

$$+\frac{\binom{\nu}{2}}{(2\nu+1)a^{2\nu-3}}\pm\ldots.(-1)^z\frac{\binom{\nu}{\nu}}{(4\nu-3)a^{2\nu-3}}\Bigg]-\ldots$$

Dasselbe in geschlossener Darstellung:

$$(37\,b)\quad E=\frac{2}{r^2}\sum_{\nu=0}^{\infty}\Bigg[(-1)^\nu\binom{-\frac{1}{2}}{\nu}\binom{\frac{1}{2}}{2\nu}m^{2\nu}\cdot\sum_{z=0}^{\nu}\Big\{(-1)^{z-1}$$

$$\frac{\binom{\nu}{z}a^{2z}}{(2\nu-3+2z)\sqrt{a^2+r^2}^{2\nu-3+2z}}+(-1)^z\frac{\binom{\nu}{z}}{(2\nu-3+2z)\sqrt{a^2+r^2}^{2\nu-3}}\Big\}\Bigg]$$

Die Richtigkeit dieses Ergebnisses wird durch die bereits bekannte Lösung der mittleren Entfernung für den Kreis, wenn P im Mittelpunkt liegt, bestätigt. Nach Formel *(10)* war dafür: $E=\frac{2}{3}r$.

Wenn wir in Formel *(37 a)* $a=0$ setzen, so wird:

$$E=\frac{2}{r^2}\cdot\left[\frac{r^3}{3}-0\right]-0\ldots\ldots=\frac{2}{3}r.$$

Nun soll noch für einige weitere Lagen von P die mittlere Entfernung mit Hilfe der Formeln *(37 a)* ermittelt werden.
Zuerst die Lösung der anfangs gestellten Aufgabe.

P soll auf dem Kreisumfang liegen, so ist also:

$a=r$ und $\sqrt{a^2+r^2}=r\sqrt{2}$

$$E=\frac{2}{r^2}\left(\frac{r^3 2\sqrt{2}}{3}-\frac{r^3}{3}\right)-\frac{1}{2}\left(r\sqrt{2}+\frac{r}{\sqrt{2}}-2r\right)-\frac{15}{32}r^2\left(-\frac{1}{r\sqrt{2}}+\frac{2}{6r\sqrt{2}}\right.$$
$$-\frac{1}{20r\sqrt{2}}+\frac{1}{r}-\frac{2}{3r}+\frac{1}{5r}\bigg)-\frac{63\cdot 15}{24\cdot 48}r^4\left(-\frac{1}{6\sqrt{2}\,r^3}+\frac{3}{20\sqrt{2}r^3}-\frac{3}{56\sqrt{2}\,r^3}\right.$$
$$+\frac{1}{144\sqrt{2}r^3}+\frac{1}{3r^3}-\frac{3}{5r^3}+\frac{3}{7r^3}-\frac{1}{9r^3}\bigg)-\frac{115\cdot 99\cdot 13}{64\cdot 36\cdot 22}r^6\left(-\frac{1}{5r^5 2^2\sqrt{2}}\right.$$
$$+\frac{4}{7r^5 2^3\sqrt{2}}-\frac{6}{9r^5 2^4\sqrt{2}}+\frac{4}{11r^5 2^5\sqrt{2}}-\frac{1}{13r^5 2^6\sqrt{2}}+\frac{1}{5r^5}-\frac{4}{7r^5}+\frac{6}{9r^5}$$
$$\left.-\frac{4}{11r^5}+\frac{1}{13r^5}\right)-\ldots.$$

$$E=\frac{2}{3}r(2\sqrt{2}-1)-\frac{1}{4}r(3\sqrt{2}-4)-\frac{1}{128}r(64-43\sqrt{2})$$
$$-\frac{1\cdot r}{2^{12}\cdot 3}(512-319\sqrt{2})-\frac{1\cdot r}{2^{16}}(1024-605\sqrt{2})-\ldots.$$

$$E=1{,}218947\,r-0{,}0606575\,r-0{,}024856\,r-0{,}0049533\,r$$
$$-0{,}002417\,r-\ldots.$$

$E=1{,}1260632\,r$, wenn nach dem fünften Gliede abgebrochen wird.

Um eine für die Praxis handlichere Formel zu entwickeln, soll die Reihe nach dem dritten Gliede abgebrochen werden.

$$E=\frac{2}{r^2}\frac{\sqrt{a^2+r^2}^3-a^3}{3}-\frac{a^2}{2r^2}\left(\sqrt{a^2+r^2}+\frac{a^2}{\sqrt{a^2+r^2}}-2a\right)$$
$$-\frac{15}{32}\frac{a^4}{r^2}\left(-\frac{1}{\sqrt{a^2+r^2}}+\frac{2a^2}{3\sqrt{a^2+r^2}^3}-\frac{a^4}{5\sqrt{a^2+r^2}^5}+\frac{1}{a}-\frac{2}{3a}+\frac{1}{5a}\right)$$

Der Kürze halber setzt man: $\sqrt{a^2+r^2}\equiv W$, dann ist:

$$E=\frac{2W^3-2a^3}{3r^2}-\frac{a^2}{2r^2}\frac{W^2+a^2-2aW}{W}$$
$$-\frac{15a^3}{32r^2}\frac{-15W^4a+10a^3W^2-3a^5+15W^5-10W^5+3W^5}{15aW^5}$$

$$E = \frac{64\,W^8 - 64\,a^3\,W^5 - 48\,a^2\,W^6 - 48\,a^4\,W^4 + 96\,a^3\,W^5 + 45\,a^4\,W^4}{96\,r^2\,W^5} \cdots\cdots$$

$$\cdots\cdots \frac{-\,30\,a^6\,W^2 + 9\,a^8 - 45\,a^3\,W^5 + 30\,a^3\,W^5 - 9\,a^3\,W^5}{96\,r^2\,W^5}$$

$$E = \frac{64\,W^8 - 48\,a^2\,W^6 + 8\,a^3\,W^5 - 3\,a^4\,W^4 - 30\,a^6\,W^2 + 9\,a^8}{96\,r^2\,W^5}$$

Es sei: $a = x \cdot r,$ dann ist: $\sqrt{x^2\,r^2 + r^2} = r\sqrt{x^2 + 1} \equiv r \cdot W_1$

$$E = \frac{64\,W_1^{\,8}\,r^8 - 48\,W_1^{\,6}\,x^2\,r^8 + 8\,W_1^{\,5}\,x^3\,r^8 - 3\,W_1^{\,4}\,x^4\,r^8}{96\,W_1^{\,5}\,r^7} \cdots\cdots$$

$$\cdots\cdots \frac{-\,30\,W_1^{\,2}\,x^6\,r^8 + 9\,x^8\,r^8}{96\,W_1^{\,5}\,r^7}$$

$$(38) \quad E = \frac{64\,(x^2+1)^4 - 48\,(x^2+1)^3\,x^2 + 8\sqrt{x^2+1}^{\,5}\,x^3}{96\sqrt{x^2+1}^{\,5}} \cdots\cdots$$

$$\cdots\cdots \frac{-\,3\,(x^2+1)^2\,x^4 - 30\,(x^2+1)\,x^6 + 9\,x^8}{96\sqrt{x^2+1}^{\,5}}\,r,$$

wo $x = \frac{a}{r}$

Benutzt man diese Formel zur Errechnung von E, so ergibt sich für $a = r$ und $x = \frac{r}{r} = 1$:

$$E = \frac{64 \cdot 2^4 - 48 \cdot 2^3 + 8\sqrt{2}^{\,5} - 3 \cdot 2^2 - 30 \cdot 2 + 9}{96\sqrt{2}^{\,5}}\,r$$

$$= \frac{1024 - 384 + 45{,}254 - 12 - 60 + 9}{543{,}048}\,r$$

$$E = \frac{622{,}254}{543{,}048}\,r = 1{,}1445\,r$$

Die für die Praxis doch sehr wesentliche Vereinfachung der Formel durch Abbrechen der unendlichen Reihe bereits nach dem dritten Gliede bringt nur einen verhältnismäßig unwesentlichen Fehler von $\frac{18}{1000}$ gegenüber dem ersten Resultat.

Legt man nun P in doppelte Entfernung vom Mittelpunkt, so ist $a = 2r$ und $x = \frac{2r}{r} = 2$ und nach Formel *(38)*:

$$E = \frac{64 \cdot 5^4 - 48 \cdot 5^3 \cdot 2^2 + 8\sqrt{5^5} \cdot 2^3 - 3 \cdot 5^2 \cdot 2^4 - 30 \cdot 5 \cdot 2^6 + 9 \cdot 2^8}{96\sqrt{5^5}}\, r$$

$$E = \frac{40000 - 24000 + 957{,}0176 - 1200 - 9600 + 2304}{5366{,}688}\, r$$

$$E = \frac{11081{,}792}{5366{,}688}\, r = 2{,}07686\, r$$

Liegt P in der Mitte zwischen Kreisumfang und Kreismittelpunkt, dann ist $a = \frac{r}{2}$ und $x = \frac{r}{2r} = \frac{1}{2}$.

$$E = \frac{64 \cdot \left(\frac{5}{4}\right)^4 - 48\left(\frac{5}{4}\right)^3 \cdot \frac{1}{2^2} + 8\sqrt{\frac{5}{4}}^5 \frac{1}{2^3} - 3\left(\frac{5}{4}\right)^2 \frac{1}{2^4} - 30\frac{5}{4} \cdot \frac{1}{2^6} + \frac{9}{2^8}}{96\sqrt{\frac{5}{4}}^5}\, r$$

$$E = \frac{156{,}25 - 23{,}438 + 0{,}035156 - 0{,}29297 - 0{,}58595 + 1{,}747}{167{,}712}\, r$$

$$E = \frac{158{,}032156}{167{,}712}\, r = 0{,}9423\, r$$

Abb. 32 bringt die graphische Darstellung dieser vier Sonderfälle.

Zusammenfassend läßt sich sagen, daß die mittlere Entfernung bei zunehmendem Abstand des Punktes P vom Mittelpunkt des Kreises sich sehr rasch der unteren Grenze nähert, die in früheren Überlegungen als a festgelegt wurde. Denn wird der Abstand a im Verhältnis zur Fläche unendlich groß oder die Fläche im Verhältnis zum Abstand a unendlich klein, so wird die Kreisfläche zu einem Punkt und durch den Mittelpunkt dargestellt. Die einzige und somit auch mittlere Entfernung von P zum Mittelpunkt ist dann a.

2. *Nachweis der Richtigkeit der* THÜNEN*schen Methode mit Hilfe der Doppelintegration*

Mit diesem Weg über das Doppelintegral ist nun die Grundlösung des Problems mathematisch einwandfrei und exakt gefunden. Auf

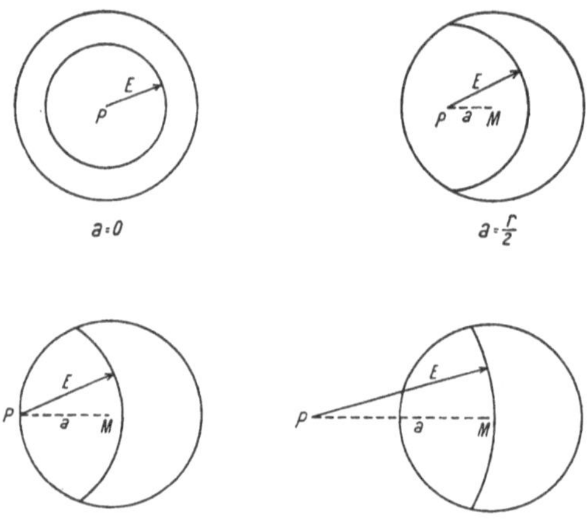

Abb. 32.

diesem Wege läßt sich nicht nur die mittlere Entfernung aller krummlinig begrenzten Figuren ermitteln, deren Begrenzungslinie durch ihre Gleichung gegeben ist, sondern vor allem auch die Richtigkeit der THÜNENschen und GRUNERTschen Methode untersuchen. Diese letzten Erkenntnisse geben die Möglichkeit zu beurteilen, daß THÜNEN die doppelte Integration geschickt durch die Pyramidenberechnung vermied. Ebenso wie THÜNEN umgeht auch GRUNERT die zweite Integration, allerdings durch etwas umständliche und komplizierte Grenzwertbetrachtung.

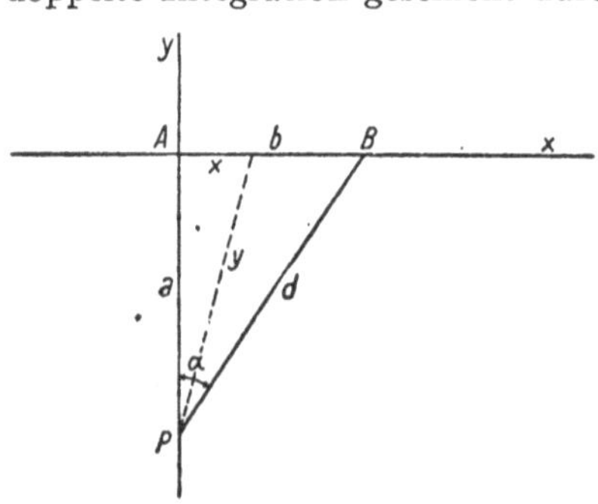

Abb. 33.

So soll nun zum Schluß der exakte mathematische Beweis der Richtigkeit der THÜNENschen Methode geführt werden, der sich nicht mehr auf die Anschauung gründet, denn nur wenn dies gelingt, ist die Berechtigung der Abschnitte I—VI der vorliegenden Arbeit erwiesen.

Wir gehen wieder aus von einem rechtwinkligen Dreieck, dessen mittlere Entfernung vom Eckpunkt P ermittelt werden soll.
Es ist: $y = \sqrt{x^2 + a^2}$ [vgl. Formel *(1)*].
Der Beweis ist also geführt, wenn wir durch eine doppelte Integration dieser Funktion dasselbe Ergebnis erhalten wie in Formel *(3)*. (Es dreht sich hier stets nur um die Bestimmung der Summe aller Entfernungen von P, während die Fläche sich ohne weiteres ermitteln läßt.)

$$S = \int_0^b \int_0^a \sqrt{x^2 + a^2}\, dx \cdot da$$

Das erste Integral in bezug auf x haben wir bereits ausführlich durchgeführt und das Resultat in Formel *(2b)* erhalten:

$$S = \int_0^a \left[\frac{1}{2}\left(b\sqrt{b^2 + a^2} + a^2 \cdot ln \frac{b + \sqrt{b^2 + a^2}}{a}\right)\right] \cdot da = \frac{1}{2}\int_0^a \left(b \cdot d + a^2 \cdot ln \frac{b + d}{a}\right) \cdot da$$

Da sich b und d bei einer Veränderung von a mitändern, muß man b und d durch die Variable a und den konstant bleibenden Winkel α ausdrücken:

Es ist: $b = a \cdot \operatorname{tg} \alpha$; $d = \sqrt{b^2 + a^2} = a \cdot \frac{1}{\cos \alpha}$ somit:

$$S = \frac{1}{2}\int_0^a \left[a \cdot \operatorname{tg}\alpha \cdot a \frac{1}{\cos\alpha} + a^2 \cdot ln \frac{a \cdot \operatorname{tg}\alpha + a \frac{1}{\cos\alpha}}{a}\right] \cdot da$$

$$= \frac{1}{2}\int_0^a \left[a^2 \frac{\operatorname{tg}\alpha}{\cos\alpha} + a^2 \cdot ln \left(\operatorname{tg}\alpha + \frac{1}{\cos\alpha}\right)\right] \cdot da$$

$$= \frac{1}{2}\int_0^a a^2 \left\{\frac{\operatorname{tg}\alpha}{\cos\alpha} + ln\left(\operatorname{tg}\alpha + \frac{1}{\cos\alpha}\right)\right\} \cdot da$$

Da α bei einer Änderung von a konstant ist, stellt die geschweifte Klammer einen konstanten Faktor dar, den man beim Integrieren voranstellen kann.

$$S = \frac{1}{2}\left\{\frac{\operatorname{tg}\alpha}{\cos\alpha} + ln\left(\operatorname{tg}\alpha + \frac{1}{\cos\alpha}\right)\right\} \cdot \int_0^a a^2\,da = \frac{1}{2}\cdot\frac{a^3}{3}\left\{\frac{\operatorname{tg}\alpha}{\cos\alpha} + ln\left(\operatorname{tg}\alpha + \frac{1}{\cos\alpha}\right)\right\}$$

$$\text{umgewandelt: } S = \frac{1}{6}\,a\left\{a^2\frac{\operatorname{tg}\alpha}{\cos\alpha} + a^2\cdot ln\left(\operatorname{tg}\alpha + \frac{1}{\cos\alpha}\right)\right\}$$

$$S = \frac{1}{6}\,a\left(b\cdot d + a^2\cdot ln\frac{b+d}{a}\right) = \frac{1}{6}\,a\left(b\sqrt{b^2+a^2} + a^2\cdot ln\frac{b+\sqrt{b^2+a^2}}{a}\right)$$

Das aber ist die von THÜNEN gefundene Formel *(3)*, die somit als richtig erwiesen ist.

Damit ist der Ring der Berechnungen geschlossen, die eine restlose Klärung des bisher noch ungelösten und in seiner Bedeutung im Augenblick noch nicht zu überschauenden Problems brachten. Ich hoffe, daß diese Arbeit einen wesentlichen Beitrag zur THÜNEN-Forschung liefert und darüber hinaus die gesamte Standortlehre in ihren Forschungen und Erkenntnissen vorwärtstreibt.

Zusammenstellung der wichtigsten Formeln für den praktischen Gebrauch

Summe der Entfernungen (S) und mittlere Entfernung (E) eines rechtwinkligen Dreiecks, wenn P auf der von a und der Hypotenuse gebildeten Dreiecksecke liegt:

(3) $$S = \frac{a}{6}\left[b\sqrt{b^2+a^2} + a^2 \cdot \ln \frac{b+\sqrt{b^2+a^2}}{a}\right]$$

(5) $$E = \frac{1}{3b}\left[b\sqrt{b^2+a^2} + a^2 \cdot \ln \frac{b+\sqrt{b^2+a^2}}{a}\right]$$

Summe der Entfernungen und mittlere Entfernung eines beliebigen Dreiecks, wenn P auf dem der Seite $(b \pm c)$ gegenüberliegenden Eckpunkt von a liegt:

(6) $$S = \frac{a}{6}\left[b\sqrt{b^2+a^2} \mp c\sqrt{c^2+a^2} + a^2 \cdot \ln \frac{b+\sqrt{b^2+a^2}}{\pm c+\sqrt{c^2+a^2}}\right]$$

(7) $$E = \frac{1}{3(b \mp c)}\left[b\sqrt{b^2+a^2} \mp c\sqrt{c^2+a^2} + a^2 \cdot \ln \frac{b+\sqrt{b^2+a^2}}{\pm c+\sqrt{c^2+a^2}}\right]$$

wo das obere bzw. untere Zeichen gilt, wenn b und c gleichgerichtet bzw. entgegengerichtet sind.

Formel zur Errechnung der mittleren Entfernung eines n-Ecks, wenn P auf einem der Eckpunkte liegt:

(18) $$E = \frac{S_1 + S_2 + S_3 + \ldots\ldots + S_{n-3} + S_{n-2}}{F}$$

Die mittlere Entfernung einer Strecke a, wenn P auf einem der Eckpunkte liegt:

(9) $$E = \frac{1}{2}a$$

Die mittlere Entfernung eines Kreises, wenn P auf dem Mittelpunkt liegt:

(10) $$E = \frac{2}{3}$$

Die mittlere Entfernung folgender regelmäßiger Vielecke, wenn P auf dem Mittelpunkt liegt:

Gleichseitiges Dreieck:

(14) $$E = \frac{1}{18} s [2\sqrt{3} + \ln(2+\sqrt{3})] = 0{,}265615\, s$$

Quadrat:

(12) $$e = \frac{1}{6} s [\sqrt{2} + \ln(1+\sqrt{2})] = 0{,}382599\, s$$

Regelmäßiges Sechseck:

(11) $$E = \frac{1}{6} s (2 + 3 \cdot \ln\sqrt{3}) = 0{,}608\, s$$

Regelmäßiges Achteck:

(13) $$E = \frac{1}{6} s \left[\frac{1}{\sin\frac{\alpha}{2}} + \operatorname{ctg}^2\frac{\alpha}{2} \cdot \ln \frac{\sin\frac{\alpha}{2} + 1}{\cos\frac{\alpha}{2}} \right] = 0{,}8272\, s$$

Die mittlere Entfernung folgender regelmäßiger Vielecke, wenn P auf einem der Eckpunkte liegt:

Gleichseitiges Dreieck:

(11) $$E = \frac{1}{6} s (2 + 3 \cdot \ln\sqrt{3}) = 0{,}608\, s$$

Quadrat:

(15) $$E = \frac{1}{3} s [\sqrt{2} + \ln(1+\sqrt{2})] = 0{,}765198\, s$$

Regelmäßiges Sechseck:

(17) $$E = \frac{1}{36} s [14 + 6\sqrt{3} + 3 \cdot \ln(81 + 54\sqrt{3}] = 1{,}107742\, s$$

Die mittlere Entfernung eines Kreisringes, wenn P auf dem Mittelpunkt der beiden ihn begrenzenden konzentrischen Kreise liegt:

$$E = \frac{2}{3}\,\frac{r^3 - \varrho^3}{r^2 - \varrho^2} \tag{20}$$

Die Länge des Lotes von P auf eine durch die Koordinaten ihrer Eckpunkte P_1 und P_2 gegebenen Seite:

$$h_1 = \frac{(x_2 - x_p)(y_2 - y_1) + (x_2 - x_1)(y_p - y_2)}{\sqrt{(x_2 - x_1)^2 + (y_2 - y_1)^2}} \tag{31 a}$$

Die Länge der Strecken vom Fußpunkt des Lotes zu den Eckpunkten P_1 und P_2:

$$\overline{P_1 P_1} = \frac{(x_2 - x_1)(x_p - x_1) + (y_2 - y_1)(y_p - y_1)}{\sqrt{(x_2 - x_1)^2 + (y_2 - y_1)^2}} \tag{31 b}$$

$$\overline{F_1 P_2} = \frac{(x_2 - x_1)(x_p - x_2) + (y_2 - y_1)(y_p - y_2)}{\sqrt{(x_2 - x_1)^2 + (y_2 - y_1)^2}} \tag{31 c}$$

Die Länge der Strecken von P zu den Eckpunkten P_1 und P_2:

$$\overline{PP_1} = \sqrt{(x_1 - x_p)^2 + (y_1 - y_p)^2} \tag{31 d}$$

$$\overline{PP_2} = \sqrt{(x_2 - x_p)^2 + (y_2 - y_p)^2}$$

Summe der Entfernungen im Dreieck $P_1 P P_2$ von E aus:

$$\begin{aligned} S_1 = {} & \frac{1}{6} \cdot \frac{(x_2-x_p)(y_2-y_1)+(x_2-x_1)(y_p-y_2)}{(x_2-x_1)^2+(y_2-y_1)^2} \Big[\{(x_2-x_1)(x_p-x_2) \\ & + (y_2-y_1)(y_p-y_2)\} \sqrt{(x_2-x_p)^2+(y_2-y_p)^2} \mp \{(x_2-x_1)(x_p-x_1) \\ & + (y_2-y_1)(y_p-y_1)\} \sqrt{(x_1-x_p)^2+(y_1-y_p)^2} \\ & + \frac{[(x_2-x_p)(y_2-y_1)+(x_2-x_1)(y_p-y_2)]^2}{\sqrt{(x_2-x_1)^2+(y_2-y_1)^2}} \\ & \cdot \ln \frac{(x_2-x_1)(x_p-x_2)+(y_2-y_1)(y_p-y_2)}{\pm(x_2-x_1)(x_p-x_1) \pm (y_2-y_1)(y_p-y_1)} \\ & \cdots \frac{+\sqrt{[(x_2-x_p)^2+(y_2-y_p)^2][(x_2-x_1)^2+(y_2-y_1)^2]}}{+\sqrt{[(x_1-x_p)^2+(y_1-y_p)^2][(x_2-x_1)^2+(y_2-y_1)^2]}} \Big] \end{aligned} \tag{32}$$

Flächeninhalt jeder durch die Koordinaten ihrer Eckpunkte gegebenen gradlinig begrenzten Figur:

(33) $$2 \cdot F = x_1 (y_2 - y_n) + x_2 (y_3 - y_1) + x_3 (y_4 - y_2) + \dots \\ + x_{n-1} (y_n - y_{n-2}) + x_n (y_1 - y_{n-1})$$

Näherungsformel zur Errechnung der mittleren Entfernung eines Kreises bei beliebiger Lage von P:

(38) $$E = \frac{64 (x^2 + 1)^4 - 48 (x^2 + 1)^3 x^2 + 8 \sqrt{x^2 + 1}^5 x^3 - 3}{96 \sqrt{x^2 + 1}^5} \dots \\ \dots \frac{(x^2 + 1)^2 x^4 - 30 (x^2 + 1) x^6 + 9 x^8}{96 \sqrt{x^2 + 1}^5} r$$

wo $x = \frac{a}{r}$, r der Radius und a der Abstand des Punktes P vom Mittelpunkt des Kreises.

Abkürzungen und Schrifttum

B 1, 35: bedeutet: Buch 1 des Schrifttumsverzeichnisses S. 35

I, 1826: Erster Teil des Isolierten Staates von JOHANN HEINRICH v. THÜNEN. Erste Auflage bei Perthes in Hamburg 1826

I, 1875, 1910, 1921, 1930: Spätere Ausgaben von SCHUMACHER bei Parey in Berlin 1875 und von WAENTIG bei Fischer in Jena 1910, 1921, 1930

II, 2 1863, 1875: Zweite Abteilung des zweiten Teils des Isolierten Staates (mit Bruchstücken aus dem Nachlaß). Ausgaben von SCHUMACHER bei Hinstorff in Rostock 1863 und bei Parey in Berlin 1875

T.A. E XI, 2: THÜNEN-Archiv der Universität Rostock, Nummer des Verzeichnisses

1 *Über die mittlere Entfernung einer Figur von einem Punkte oder über die sogenannte mittlere Entfernung des Ackers vom Hofe.* Vollständige Auflösung einer für die Landwirtschaft wichtigen Aufgabe durch die Integralrechnung und zugleich ein Beitrag zur Geometrie. Mit besonderer Rücksicht auf: Der Isolierte Staat. Von Dr. JOHANN HEINRICH v. THÜNEN auf Tellow in Mecklenburg. Erster Teil. Zweite Auflage. Rostock 1842, S. 99. Von JOHANN AUGUST GRUNERT. Greifswald 1848. Verlag von Ferdinand Otte

2 *Die optimalen Betriebsgrößen in der Landwirtschaft.* Mit einer Studie über die Messung des Nutzeffektes von Rationalisierungen der Betriebsfläche. Von ALEXANDER TSCHAJANOW, Professor an der landwirtschaftlichen Timirjazev-Hochschule zu Moskau. Autorisierte Übertragung aus dem Russischen von FRIEDRICH SCHLÖMER. Verlag von Paul Parey, Berlin 1930

3 *Mathematische Berechnung der mittleren Entfernung zwischen Grundstück und Hof bei verschiedener Betriebsflächengestalt und beliebiger Lage der Hofstätte.* Von A. L. VAJNSTEJN. In „Problemy zemleustrojstva", S. 85—106. Moskau 1922.

4 *Der mathematische und der reale Durchschnittsbestand.* Von K. J. SAZONOW. In „Methody kolicestvennogo uceta effekta zemleustrojstva", S. 62—74

5 *Landwirtschaftliche Betriebslehre.* Von JOHANN POHL. Erster Teil: Ökonomik der Landgutswirtschaft. J. M. Gebhardts Verlag, Leipzig 1885

6 *Die räumliche Ordnung der Wirtschaft.* Von Dr. habil. AUGUST LÖSCH. 2. Auflage. Verlag von Gustav Fischer, Jena 1944.

7 *Mathematische Instrumente.* Von ADOLF WILLERS. Verlag von R. Oldenburg, München und Berlin 1943

8 *Mathematische Instrumente.* Von W. MEYER zur Capellen. Akad. Verlagsgesellschaft Becker und Erler, Kom.-Ges., Leipzig 1941